さつまいもの
パウンドケーキ

葉つきにんじん

西田栄喜 著

小さい農業で稼ぐコツ

加工・直売・幸せ家族農業で
30a1200万円

モロッコインゲン

青かぶら

セロリ

農文協

自宅兼店舗兼加工所から見た畑（ - - - - 破線内）。海が近いので砂地だが、扇状地ということもあって土地は肥えている。現在、肥料をいっさい入れないでキノコの廃菌床のみを施す炭素循環農法を実践中

これが風来の30aの畑

畑から見た自宅兼店舗兼加工所。ここで家族5人が暮らし、漬物を加工し、接客をする

写真：田中康弘
（本文＊印も）

夏の畑の収穫

夏の収穫は暑くて大変なので朝のうちにすませる。４時半に起きて、２時間半かけて収穫する。見えているのはトウモロコシ、キュウリ、カボチャ、サトイモなど

草丈が短く、地面に近いところに莢がびっしりついたエダマメ

イボが目立つ四葉系キュウリ。漬物にしてもシャキシャキとした食感が残る。白いのは地這いキュウリ

焼くと中がトロリとする
在来青ナス。米ナスより
ワンランク上の味がする

1日にとれる野菜

朝の涼しいうちの数時間で収穫終了！

30aの畑から1日でこれだけとれる。キュウリ、ナス（千両ナス、白ナス）、トマト（大玉、ミニ、中玉、調理用）、ピーマン、オクラ、カボチャ（ミニ、生食用、そうめん）、ズッキーニ、モロヘイヤ、ツルムラサキ、クウシンサイ

予約数の野菜セットを午前中のうちに作る（この日は、2500円が2個、3000円が4個、3500円が2個の8セット）。妻が作っているのは野菜セットに追加注文のあったショウガのパウンドケーキ

野菜セットを作る

この日にとれたナス、ピーマン、生食カボチャのほか、冷蔵庫で保存してあったニンジン、ダイコンなど10種を1箱に詰める

4月の野菜セット

4月3日の野菜セットの中身（3500円）。ちょうど北陸の端境期なので、春先でもとれるカラシナの菜の花、ハクサイ・キャベツのわき芽、トウ立ちが遅いフダンソウを入れることで品ぞろえを確保

サツマイモ
黄金カブ
フダンソウ
セロリ
カラシナの菜の花
ダイコン
ネギ
ニンジン
スパラガス
辛味ダイコン
芽キャベツ
ハクサイのわき芽
茎ブロッコリー
マノアレタス
ゴボウ
フキノトウ
キャベツのわき芽

4月のキャベツのウネ。前年秋に収穫した株を残しておいたところからわき芽が伸びている。これを野菜として収穫する（くわしくは34ページ）

野菜を切らさずとる

同じウネにキャベツ、ハクサイ、レタスなどを密植している。3月に植えると生育が少しずつずれて、端境期の4月から5月にかけて順にとれる（くわしくは37ページ）

漬物を作る

キムチの素の材料。作り方の基本は、「漬物おばさん」で知られていた母のやり方を受け継いでいる（くわしくは49ページ）

風来のメイン商品であるキムチなどの漬物の担当は妻（風来ママ）

風来のキムチは日持ちしない浅漬けタイプなので、注文に合わせてその都度作る。大型器具がいらず、家庭用のフードプロセッサーですむ

隠し味として、いしる（北陸で作られる魚醤）を使う

真空パックされた漬物各種

はじめに

小さい農業だからこそ幸せに

私は石川県で自称日本一小さい農家「風来」を営んでいます（通称・源さん）。どのくらい小さいかというと、耕地面積は全部で三〇a（この中に五・四m×一五mのハウス四棟あり）、通常の農家の一〇分の一の大きさになります。畑の前に店舗兼加工所兼自宅があり、家族五人幸せに暮らしています。

いわゆる脱サラ農家でバーテンダー、ホテルマンを経てゼロからスタートしました。ただ、いざ起農しようとすると、どこに行っても「農業は甘いもんじゃない」、また「農業は初期投資がかかる」と言われました。実際に起農する時の平均借入額を聞いてビックリしたものです。その経営をホテルの支配人時代に学んだ損益計算書の視点でみると、ゼロからスタートする場合、どうみても収支が合わない。稲作農家であれば機械代、施設園芸農家であればハウス代など、まさに固定資産の塊のようにみえました。

しかし「本来、農業は鍬一本でできるもの。初期投資をかけなくてもできるはず」。そんな視点から農業を見つめ直してみました。そうすると加工、直売を最初から組み入れることによって小さくても十分やっていけると思い、自己資金のみで風来をスタートしました。

実践していく過程で日本は小さい農業、いわゆる家族経営農家が向いているのではないかと実感してきました。大規模農業も農地を守るという観点からみると必要だと思いますが、大規模農業には大規模農業のやり方が、そして小さい農業には小さい農業のやり方があるのではないでしょうか。規模拡大していくとすると、その過程でどうしてもノウハウ化をすすめていく必要があります。ノウハウ化できるものは資本がある人が有利です。小さい農業だからこそ独自性を持ち生き残れる道があります。

そして生まれたのが「ミニマム主義」です。ミニマムとは直訳すると「最小」「最小限の」。つまり、小さい農家でいきましょうということです。あわよくば面積拡充なんて考えず、最初からコンパクトでいこうという考え方を持つことで投資額が定まってきます。そして面積や規模を制限することによって、土地活用や時間の効率もアップします。また大きな機械を買う必要がないので借金する必要もなくなります。そして地域の人間関係も小さいということでスムーズになりますし、天候などのリスクも、小回りがきくということは大きな強みになってきます。

この時代に農を志す人は、何か今の日本や世界に思うところがある人ではないかと思います。ただ最初はそんな思いがあって農家になったはいいけど、作柄や経営的にうまくいかない、また農的暮らしを目指していたのにいつの間にか下請けのようになって心に余裕がないなど、最初の志どおりいかないというのも現実として多々あるようです。仕事としてキチンと食べていけること、今の世の中ではとても大切なことですよね。

何のためにどのくらいもうけるのか……。

ミニマム主義ではその「何」は「幸せ」です。

幸せに暮らすにはどのくらいの収入があればよいのか、

そのためにはどのくらいの売上げが必要なのか。

そうやって考えていくとやることがどんどん明確になっていきます。

お金はあればあるだけいい、
スピードは速ければ速いほうがいい、
小さいより大きいほうがいい、
なんてしてたらキリがありません。
幸せの原点は「比べない」「足るを知る」です。
ミニマム主義ではお金と向き合うけど、
キリがない欲望には付き合わないのが前提です。

そしてミニマム主義を十分発揮できるのが農業です。
小さい農業、家族経営農業こそ幸せにいちばん近い仕事だと感じています。

本書では「読んだ人が日本の農業に未来を感じる」ではなく、「読んだ人が自分の農に未来を感じる」そんな内容になればと、私がゼロからスタートした実践（失敗も含め）の数々、そしてその時々で思ったことをここまで書いていいのかな？　と思うぐらい書かせていただきました。おかれた環境が違うということもあるので、それぞれのやり方があると思います。読んだ人が少しでもヒントになり、また自信を持っていただければ幸いです。

二〇一六年二月　　　西田　栄喜

第4章 売り方——個人を出して売る

第5章 つながり方
——ファンを増やす

第6章 小さい農業の考え方

第1章

小さい農業の魅力

1 小さい農業って何？

小さい農業の定義はいろいろあると思いますが、私にとっての小さい農業とは家族経営農業。イメージとしては昔習ったマニュファクチャー（家内制手工業）といった感じでしょうか（図1―1）。

私が見たオーストラリア農業

なぜ私がそんな小さい農業を目指したか。理由は、農業を始めるには農地や機械、作業場など、とにかく資金がかかると言われ、そうではない方法をとろうと思ったこと、また日本では大型化するメリットを感じなかったことがあります。

独立前、オーストラリアでファームステイをする機会がありました。その農場は有機農業をしていたのですが、想像していた有機農業とはまさにケタ違い。資材は魚粉など日本でもおなじみのものを使っていましたが、問題は施肥の仕方です。なんと、魚粉や有機資材をヘリコプターで散

借金しない家族経営の直売農業

わが「風来」の畑は三〇a。農業機械は家庭菜園用の耕耘機のみ。また育てた野菜を漬物にして売ろうと考えていたので、漬物を作る樽などの器具やそれを販売するための真空パック機など、初期投資は全額自己資金の一四〇万円で起農（農業で経済的に自立すること）できました。今は畑でとれた野菜を野菜セットとして、また漬物などの加工品にして、主にネットで販売しています。最近は自然食品も販売しています。

労働力は、妻に半日手伝ってもらう形となっているので、実質一・五人。それで、現在の年間売上げは一二〇〇万円、収入は六〇〇万円となります。これが多いか少ないかはわかりませんが、田舎で家族五人が暮らしていくには十分です。借金のない、そして補助金に頼らない農家ほど強いものはないと実感しています。

布していたのです（辺り一面すごいニオイでした……）。

また、グリーンピースの収穫は、幅二〇ｍはあろうかと思うようなハーベスタで刈り取っていました。すごいのはそのシステムです。ハーベスタをオペレーターごと所有していたのが某ファストフードチェーン。農家は育てるだけ。そのファストフードの会社が何軒もの農家とそういった契約を結んで、最後の収穫をし、収量に応じてそれぞれの農家に代金が支払われる仕組みになっていました。農地の大きさもさることながら、そういった仕組みまで考えると、大型化という面では太刀打ちできないと思いました。

日本ほど直売に向いている国はない

そんななか、ミニマム主義のヒントをくれたのも、じつはオーストラリアの農家さんです。日本の兼業農家の話をした時に、「それは私たちではありえない」と言われました。「都市部まで車で片道三時間。とてもじゃないが他の仕事を持つなんてできない。安定という意味でもそういったことができるのはうらやましい」と。

考えてみれば、日本はどこでも（というのは、ちょっと言い過ぎかな……）車で三〇分も走らないうちに人口一万

図１－１　小さい農業は家族経営の直売農業

人を超える町があり、各県には県庁所在地をはじめとした都市が点在しています。

インターネット販売にしても、日本では、発送翌日、または翌々日に全国どこでもほぼ届くというコンパクトさ。なおかつ人口も多い。こういった農業環境というのは、世界的に見ても珍しいとあらためて思いました。そしてそのメリットを最大限に活かせるのが直売ではないか、そう感じたのです。

お手本は「百姓」

農業に対する敷居を低くしたいという思いは以前からありますが、今は新規就農希望者に「農家を目指すな」と言っています。「農家ではなく百姓を目指せ」と（図1―2）。

「百姓」という呼び名、今は蔑称にあたるということであまり使われなくなりました。しかし個人的にはとても好きな言葉です。「百姓」とは百の姓＝百の名字を持つ、つまり一人でさまざまな仕事をするという意味。昔の農家は「田んぼをするなら畑もしろ」「アゼには豆を播きなさい」「冬は縄を編め」などと言われてきました。自然相手の農は思いがけないことが起こります。百姓はそんな自然のリスク（危険）を分散しろという教えだったのだと思います。

ミニマム主義も百姓から大きく学びました。単作で大規模にやるのは確かに効率的ですが、その分、自然や市場のリスクも大きくなります。一方、小さな畑での少量多品目栽培は、作業効率は悪いかもしれませんが、リスクの分散になり、経済効率という意味ではとても高くなります。

図1－2　お手本は百姓

2 一日の仕事、一年の仕事

毎朝畑の写真を撮ってフェイスブックに投稿

そんな百姓的農業の実際はというと……まずは一日のタイムスケジュール（図１―３）。

朝起きてからトイレ掃除、神棚へのお神酒、畑の見回り（ほぼ毎日写真を撮ってフェイスブックに投稿）。こういった毎朝の習慣をこなしていると体が目覚めてきて、やる気スイッチが入ってきます。

仕事としてはまずはメールのチェック。ネットでの注文は夜に入っていることが多いのでその注文の受注処理（受注返信）。時にはお客さまから声や質問もいただきますのでその返信もします。それから翌日の発送のリストアップ。こうすることで今日やること、明日は何を準備すればいいのかわかりますし、お菓子や漬物などについては妻もリストアップしたものを見て準備ができます。

その後、収穫。冬場は根菜や葉野菜が中心なのでそれほど時間はかかりませんが、夏場は実野菜が中心となるので冬場の倍の時間がかかります（約二時間半）。収穫しながら整枝など、できることはやっていきます。

午前九時頃から朝食兼朝休み。朝食を食べながら新聞をチェックして軽く一〇分ほど朝寝。この一〇分間でかなりリフレッシュできます。

十時から野菜セットの荷造り

十時から発送作業。まずは野菜セット組み。野菜セットは風来の看板メニュー。野菜を袋詰めしてバランスよくなど考えていると、セットを組むだけでも結構時間がかかります。そのあと野菜とヌカ床の材料を詰めたヌカ床セットなどいろいろなアイテムを準備します。

午後一時から昼ご飯＆昼休み。この時間がいちばんゆっくりできます。ご飯のあとは昼寝タイム。この時間がまさに至福の時です。

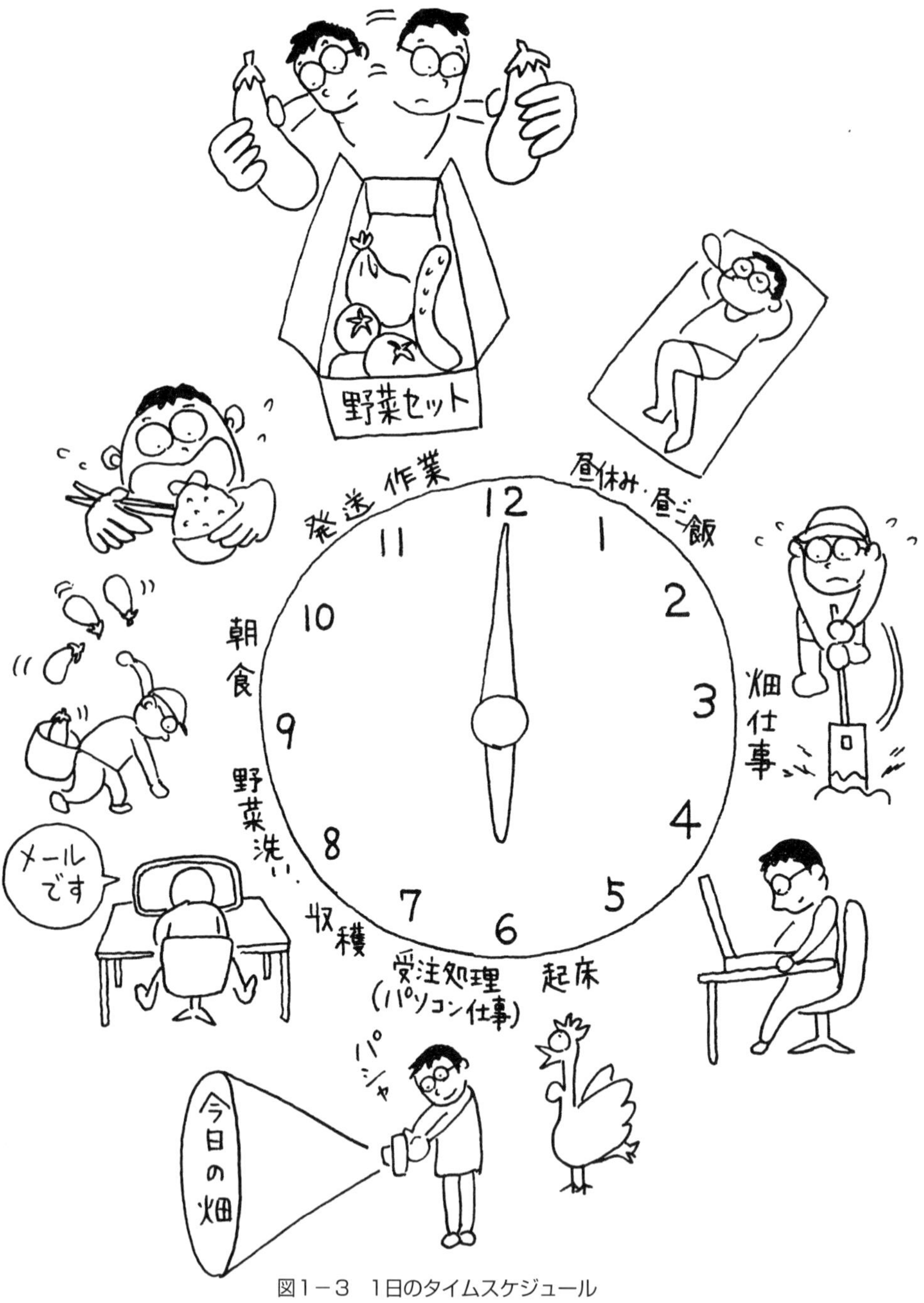

図1－3　1日のタイムスケジュール

午後は畑仕事とデスクワーク

午後三時からの畑仕事は季節ごとに違いますが、時間がないので手際よくやることが肝心。天気に左右されることも多いので、あまりキッチリ組まないようにしています。

夕方はその日の仕事の締めのデスクワーク（発送完了メール、ブログ・日記のアップ、注文処理など）。日記は毎日つけて更新しています。最初の頃は何を書こうかと畑仕事しながらネタを探していましたが、今は準備しなくても書けるようになりました。また日記を書くことでその日の振り返りができ、明日やることも見えてきます。

妻は漬物、お菓子など

大体はこんな流れです。起床は冬場六時頃ですが、夏場は四時半ぐらい（実野菜の収穫は時間がかかるので収穫終了はいつもと同じ時間に）。畑仕事も冬場は午後五時ぐらいには暗くなるので短めになりますが、夏場は午後七時ぐらいまでとなります。

また週末（土日）は発送数を極力抑えて家族との休日、また畑仕事に集中する日としています。

仕事の分担は、私が畑作業、収穫、野菜セット組みなど。妻は漬物、お菓子の加工・発送準備メインと担当を分けています（妻は畑仕事に基本ノータッチ）。分担することで妻は家事や子どもの面倒をみながら自分の都合のいい時に仕込みをしたりと、時間の調整ができています。

月ごと大きく変わる一年の流れ

つづいて一年のスケジュール。百姓的農家としては月ごとにやることが大きく違っています。

▼一月……家族総出でかきもち作り

ここ北陸では、いわば農閑期。以前は自家製のボカシ肥料を仕込んでいたのですが、今は農法を変えたことで畑仕事はほとんどありません。ただ農閑期ではあっても端境期《はざかいき》ではありません。朝の収穫（翌日の最低気温がマイナス予報の時は前日に）はほぼ毎日やっています。

そんななか、この時期の大切な仕事は一年の畑計画を立てること。風来では年間七〇種類ほどの野菜を育てています。小さい小さい畑ですが、連作を極力しないようにウネごと植え付け計画を立てます。また野菜はコンスタントに一定の種類をとれるように、同じ野菜でも時期をずらしたりとパズルのように組み合わせていきます（風来の年間作業一覧は138ページ、植え方は28ページ）。

季節の加工品としては、かきもち作り。週末に家族総出で一回二〇〇〇枚分ほど作ります。これを二回。かきもちの干し上がりは二月。これを一年中保存しておいてその都度（毎週水曜日・金曜日）妻が揚げて直売所に持っていきます（かきもちの作り方は56ページ）。

時間がある時には、こうじ造り。こうじは地元の農家さんから分けていただいたものを自分で仕込んでいます。こうじそのものとして販売することもありますが、ほとんど味噌教室で使用することになります。

一月のイベントは味噌造り教室＆発酵食品持ち寄り大会。イベントのなかでも味噌造りは大人気企画となります。

▼二月……ヨモギ団子用のもち米粉作り

二月前半はまだ農閑期といった感じ。以前は時間に余裕があったのですが、今はいろいろと室内仕事ができました（それでも心に余裕があります）。味噌仕込み用のこうじ造り、またヨモギ団子用の米粉、もち米粉を一年分作ります（ヨモギ団子の作り方は55ページ）。

二月中頃からタネ播き開始。ハウスの中に温床線を敷いて苗床を作ります。最初はトマト、ナスなど苗になるまで時間のかかるもの、またハーブのタネからです。畑のほうも春の畑作業に向けて、天気のいい時は前作の片付けなどしていきます。収穫できる野菜は一月とほぼ変わりません。

イベントとしては一月に引き続き味噌教室。一月に参加された人が再度参加することも珍しくなく、あらためて伝統食品の強さを感じます。

▼三月……半不耕起ウネ作りと育苗

三月に入ると畑の作業が一気にトップギアに。前作の片付けと同時に畑作り。風来では半不耕起なので、ウネは動かさず、管理機でウネの表層を軽く耕すだけです。トラクタと違い一ウネずつ仕上げることができるので、まだ収穫できる野菜のウネは残すこともできます。

いちばん気をつかうのが野菜の育苗。暑さ、寒さでダメにしたことも何度かあってハウスの換気には気をつけていますが、時間は取り戻せないと毎年実感しています。

三月中頃からハウスの中でハクサイ、ミニキャベツ、リーフレタス、葉野菜を定植、またハツカダイコンを播種。春先の野菜のいちばん薄くなる時期に向けて少しでも種類と数を出せるようにしています。

イベントとしてはヌカ床教室。米ヌカと塩水を混ぜるだけのとても簡単なものですが、こちらも人気があります。風来独自に、ヌカ床を作る時にスターターとして、風来開業当時から継ぎ足しながら使ってきたヌカ床を少し分けて、ヌカ床の種としています。

▼四月……播種、定植、苗販売

四月も畑仕事はピーク。畑の準備、苗の移植、タネ播き、定植などなど盛りだくさん。天気を見ながら作業を進めていきます。四月後半からは定植ラッシュでナス、トマト、キュウリ、カボチャなど植えていきます。

季節の販売ものとしては前半にハーブ苗、後半に野菜苗の販売開始（苗の販売は五月いっぱい）、苗の人気も定着してきて、四月後半は年末に次いで発送の忙しい時期となります。苗に野菜セットに鍋セットにお菓子と、われながら何屋？と思うほどです。

収穫できる野菜ですが、四月前半はまさに端境期。この時期をいかに乗り切るかです。後半になるとアスパラガス、ハウスのハクサイ、キャベツ、葉野菜が出てくるので助かります。

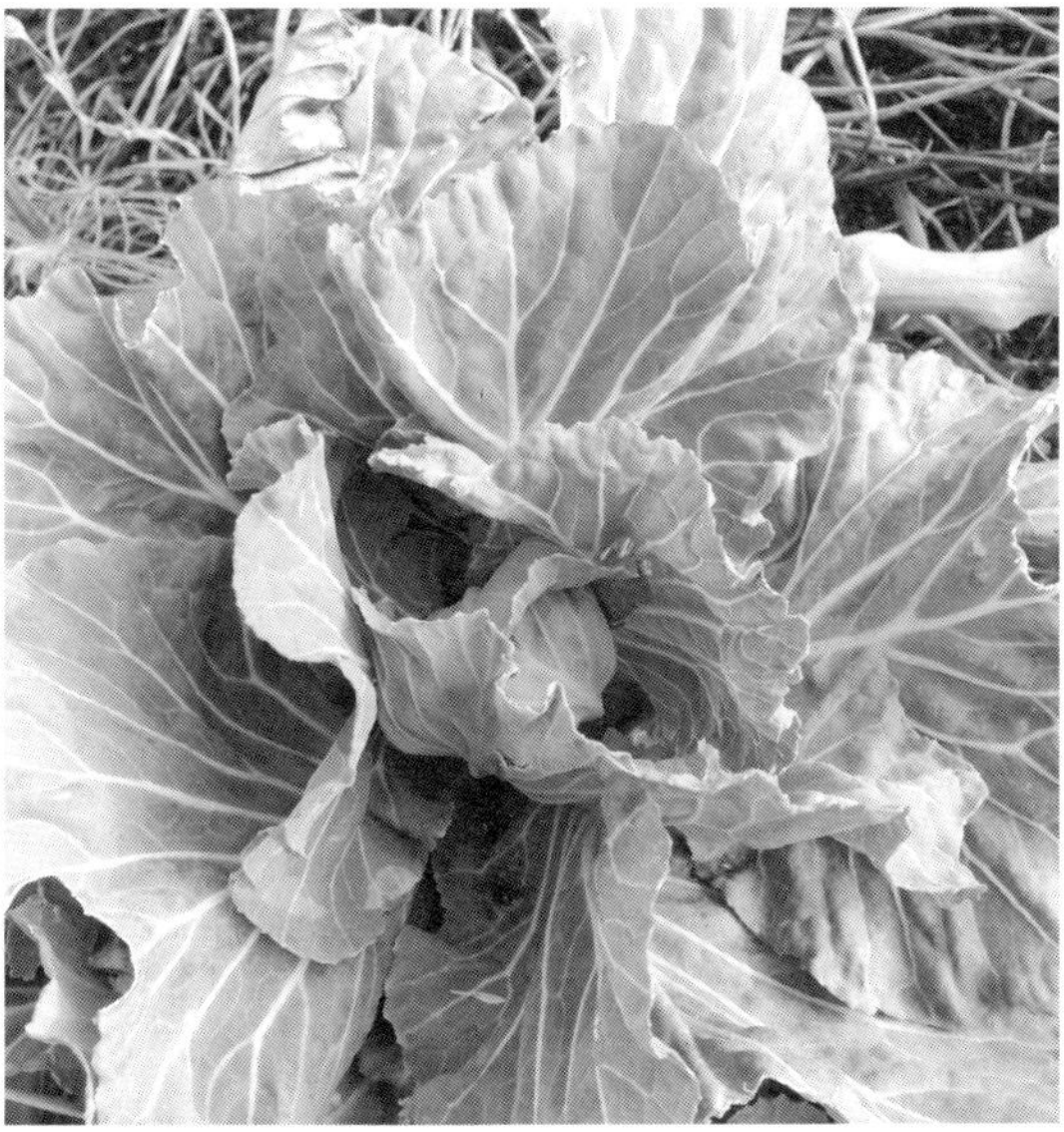

写真1－1　3月のキャベツ

四月のイベントは畑教室。気軽に家庭菜園をしてもらえるよう開催しています。この教室に来てくれた人が苗を買ってくれるのも大きいです。

▼五月……前半まで定植ラッシュ

前半は野菜の定植ラッシュ。風来では少量多品目ですが、コンスタントに波なく種類と量をとるのを目指しているので、同じ野菜でも少しずつ定植をずらしたり、リスクの分散のため同じ野菜を一カ所にまとめず栽培したりしています。まさにパッチワークのようなにぎやかな畑となります。連休明けにサツマイモを定植したら、気持ち一段落といった感じです。

野菜苗も以前は四月後半から五月前半に偏っていたのですが、最近は五月いっぱい満遍なく注文が入ってくるようになりました。

この時期の野菜セットは春先の葉野菜を中心に、実野菜では収穫が始まったキュウリ、ズッキーニなど。漬物の内容もキュウリの浅漬けピクルスなど、さっぱりしたものにシフトしていきます。

イベントはこの時期畑にもたくさん生えているヨモギを摘んでもらってのヨモギ団子作り。風来では畑の野菜はもちろん、雑草ともいえるヨモギも無駄にはしません。

▼六月……とれすぎキュウリの塩漬け

畑仕事的には少し余裕が出てくる時期。作業としてはナスの整枝やトマトの芽かきなど管理作業が主です。この作業も収穫しながらできることは行なっていきます。実野菜は葉野菜、根菜などと比べて収穫に時間がかかるので、早朝から畑に出ることになります。

またこの時期はキュウリ爆発（一気に収穫できること）の時期。直売所に持っていっても皆が同じ状況なので、たたき売り状態。以前はキュウリのヌカ漬を出して好評だったのですが、日持ちがせず毎日出すのも大変。ということで今はもっぱら収穫したキュウリを塩に漬けて、しばらくしてから（酒）粕漬けにしています。

他の農家も少し時間に余裕が出てくるということもあり、農家と農業に興味ある人をつなぐ農コンパを企画したりします。毎回大盛況の企画です。

▼七月……後半から秋・冬作の準備

前半は梅雨時期ということもあり、畑仕事も管理作業を中心にのんびり。ただ暑くなってくるので収穫するだけで汗だくに。日中畑仕事するのは大変なので、朝収穫し終わってから畑作業をすませ、いつもは十時頃から始める出荷作業は少し遅らせます。それでも室内仕事は昼でも快適にできるので体力的にはこのほうがいいです。

後半もまだまだ暑いですが、秋・冬作の準備。ニンジンのタネ播き、またハクサイ、キャベツ、ブロッコリーなどの苗つくり。

この時期の野菜セットの内容はトマト、ミニトマト、ナスなど果菜類が増えてきます。トマトがたくさんとれてくるのでトマトジュースにして冷凍保存、時間ができたら小パックに分けてジュースとして販売します。

イベントとしては畑の前でバーベキュー大会。風来では野菜とコンロ、焼肉のタレを用意。メイン食材は持ち寄りという気軽な会ですが、畑を気軽に見てもらえて雰囲気もとてもいい会となっています。

▼八月……かぶら寿し用にカブの播種

暑い暑い夏。八月前半は昼にあまり畑に出ないようにしています。お盆休みを過ぎれば少し暑さがやわらぎます。そうなったら本格的に秋野菜の準備にかかります。八月後半からダイコン、カブのタネ播きスタート。十二月に北陸の冬の代表漬物「かぶら寿し」を作るのですが、カブは丸のまま使うためちょうどいい大きさが必要になってきます。暖かい秋だと生長して大きくなりすぎてしまうし、寒い秋だと小さすぎてしまうのでリレー方式で一週間ずつずらして播いていきます。

この時期はトマトやキュウリなど生で食べる野菜が多いせいか、漬物の注文は減ってきます。暑さでお菓子も

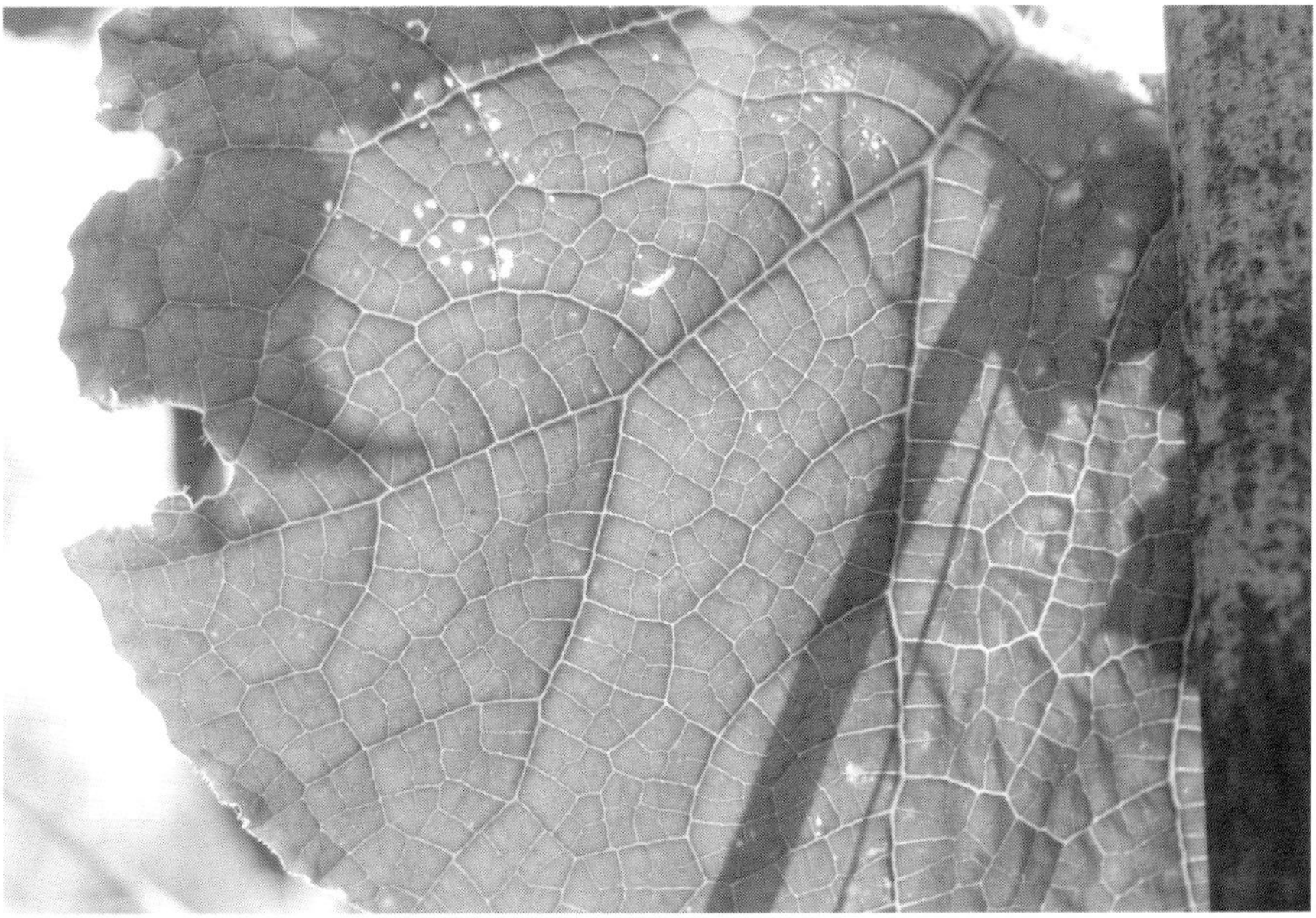

写真1－2　7月のキュウリの葉＊

ケーキはイマイチということで、たくさんとれるミニマトマトを使って妻が作るのがミニトマトのジュレ。ミニトマトを白ワイン、ハチミツ、レモンで煮たものをゼリー寄せにします。赤に黄色のミニトマトも入って見た目も涼しげなデザートになっています。

暑さが厳しいということとお盆休みなどもあり、八月はイベント教室をすることはあまりありませんが、突発的にバーベキューなどの持ち寄り宴会をすることも。

▼九月……スイーツや粕漬けの販売開始

前半はハクサイ、キャベツ、ブロッコリー、レタスなどの定植。ダイコン、カブのタネ播き。春に次ぐ畑作業が忙しい時期ですが、夏野菜を片付けながら少しずつなので、一気にやる春と比べてまだ余裕があります。ただ切り替えの見切りはとても大切。収量が落ちてきたとはいえ、まだ収穫できている実野菜を片付けるのは勇気がいります。しかし、この時期の一日の違いは冬に一週間の違いとなってくるので、勇気をもった決断が必要となります。九月下旬にはタアサイ、ビーツなどを播きます。双方寒さに強く、真冬の露地でも収穫できるのでとても重宝しています（端境期対策は34、37、40ページ）。

季節のものとしては妻（風来ママ）のサツマイモのパウンドケーキ、カボチャのシフォンケーキ。涼しくなるにつれてスイーツの注文が多くなってきます。夏に漬けたウリ、キュウリの粕漬けの販売も開始。今どき粕漬けはどうだろう？　と思ったりするのですが、スタンダードは強く、根強いファンもいてくれます。

イベントは風来ママ手づくりの秋のスイーツでほっこり茶会。地域通貨の話やアートの話など知り合いの方を講師に迎えつつ、いろいろなことを話します。

▼十月……春キャベツの定植など

十月といっても温暖化のためか最近はずいぶん暖かくなってきました。早めに定植したブロッコリーなど数日収穫が遅れると花芽がついたり、またレタスもトウが立ってきたりと油断なりません。ただその分、オクラやエンサイ、モロヘイヤなど暑さに強く、寒さに弱い野菜がかなり遅くまで収穫できるようになってきました。少量多品目でリスク分散になっているとつくづく感じます。

畑の作業もだいぶ落ち着いてくる時期ですが、年明けの厳冬期に向けて秋キュウリを片付け、ハウスに寒さに強い葉野菜を播いていきます。三〜四月の野菜がいちばん薄い時期に向けて春キャベツの定植をします。

イベントとしては新米食べ比べ&自慢のご飯のお供持ち寄り大会。懇意にしている米農家さんに協力をいただき、おいしいご飯の炊き方の実演、またコシヒカリ、あきたこまち、ミルキークイーンの食べ比べをしてもらいます。品種の違い、人の好みが分かれておもしろいです。そのあとは参加者それぞれナンバーワンだと思っているご飯のお供を持ち寄り宴会。自己紹介も、持参したご飯のお供を紹介してもらうと一気に親しみがアップするから不思議です。

▼十一月……タマネギを植えたら一段落

畑仕事もタマネギの定植が終わったら一段落。全体的に畑仕事も余裕のある月なので週末はあちこちで催事、収穫祭イベントがあり、誘いがかかります。

この時期の野菜セットはハクサイ、キャベツ、ブロッコリー、ピーマン、ナス、ダイコンなどです。

そして十一月はユズの収穫時期。風来の畑にはユズはないのですが、市内のユズの樹オーナー制でオーナーになっています。イベントもそんなユズを使ったユズポン醤油造り。意外と簡単でしかもおいしくできるので驚かれます。教室のあとは事前に仕込んだユズポン醤油の試食ということで鍋パーティーをします。

写真1－3　10月のカボチャの花

▼十二月……こうじの仕込みなど

前半は時間に少し余裕があるので、まとめてこうじを仕込みます。

こうじを使って作るのが北陸の冬の代表的漬物「かぶら寿し」「ダイコン寿し」です。かぶら寿しはカブにブリの塩漬けを挟み、醸したこうじで漬けたもの、ダイコン寿しはダイコンと身欠きニシンを醸したこうじで漬けたもの。

イベントもかぶら寿し教室。かぶら寿しは最近とても高価になってしまい、贈答専門になりつつあります。そうなってくると食文化として廃れるのではないかという危惧もありました。でも実際に教室をやると大変さがわかってもらえるようになります。教室のあとはこうじ漬けにちなんで発酵食品、もしくは発酵ドリンクの持ち寄りで忘年会をします。

3 小さい農業のいいところ

わが「風来」は日本一小さい専業農家といっていいますが、限られた農地を有効活用しようと、いろいろなアイデアが生まれてきました。これらはいわば、スケールメリットならぬ、スモールメリットです（図1―4）。

混植による危険分散

まずは、一つのウネで同時に育てる混植です。ニンニクとソラマメ、タマネギとキヌサヤ、トマトとエダマメ、キャベツとセロリなどの組合わせは当たり前。混植することでいろいろな種類の野菜を効率よく育てられるのはもちろん、病害虫の被害も抑えられ、いざという時のリスク分散にもなります（混植のやり方は28ページ）。

時間もコストもかからない

収量を増やすために、ついつい農地を増やそうと考えがちですが、それだけ時間をとられ、肥料などのコストもかかります。畑が小さければ、時間もコストもかかりません。また畑が小さいと収穫できる野菜は貴重。一個たりとも無駄にはできません。そんなことから、形の悪い野菜は漬物として利用したり、夏に余りぎみなトマトはトマトソースに加工したりと、さまざまな商品が生まれてきました。風来では現在、廃棄する野菜はほとんどありません。それ

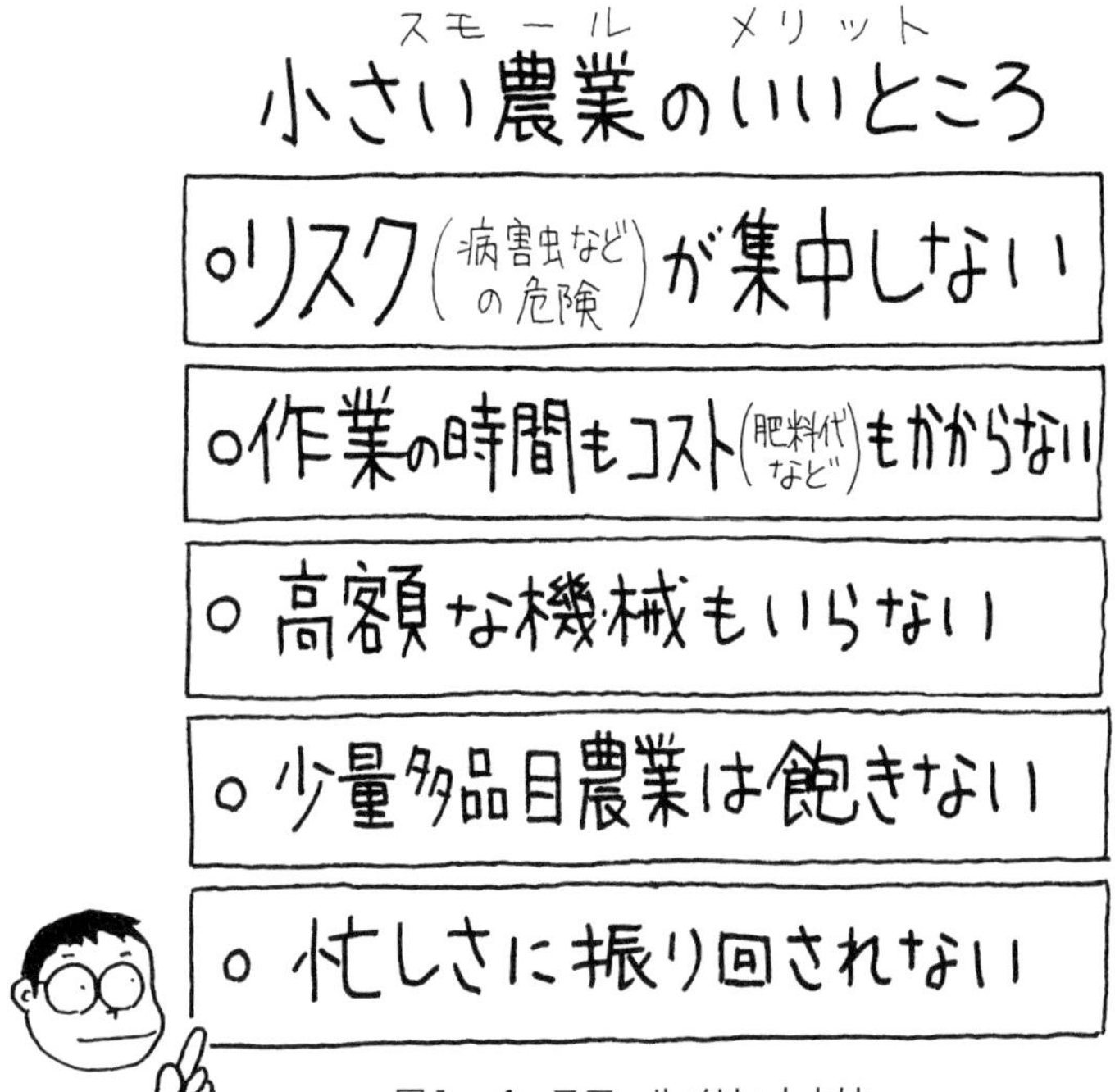
小さい《スモール》農業のいいところ《メリット》
○リスク（病害虫などの危険）が集中しない
○作業の時間もコスト（肥料代など）もかからない
○高額な機械もいらない
○少量多品目農業は飽きない
○忙しさに振り回されない

図1－4　スモールメリットとは

どころか、秋キャベツなどは一度収穫したあとに出てくるわき芽も収穫し、さらに春先には新芽も販売する始末です（わき芽収穫のやり方は34ページ）。

こういったことも直売しているからできるのですが、直接販売することで一つ一つの野菜の単価が高く設定でき、お客さんにどんな野菜かを説明できることで畑にあるものすべての価値が大きく上がってきます。

面積が大きく目先の忙しさにとらわれていたら、こういった発想は生まれていなかったかもしれません。

高額な機械もいらない

そして面積が小さく多品目ということで、大きな機械がいらなくなりました。農家になりたての頃はトラクタを持っていたのですが、それも手放しました。現在、風来にある動力付きの機械は、ネットオークションで三万円で購入したホンダの管理機と草刈り機のみです。これは畑のごく表層しか耕さない半不耕起栽培というやり方もあってのことですが、機械の修理代を気にしなくていいのは何とも気がラクなものです。

通常、大型化していくと機械は安くなるものです。しかし、専門分野の機械となるとそうはいきません。いざ修理に出そうとすると、部品の取り寄せに時間もお金もかかります。その点、広く普及している機械は価格もリーズナブルでオプションもたくさん出ています。これは加工調理器具にも共通しています。

もちろん大切な道具、機械はしっかりしたものを選ばなければなりませんが、今の日本の大型農業機械はあまりに高いように感じます。これは日本の農業の構造的なところに問題があるのかもしれませんが。

少量多品目は飽きない

小規模・少量多品目ということで畑仕事も飽きずにできます。注文処理などのパソコン仕事の一〇分後には畑仕事をしているということも当たり前。こういう自由がきくのは家族経営ならではだと思います。農作業には水やりのタイマーをセットするとかハウスの脇を巻き上げるとか、合間合間の作業が結構ありますが、生活の延長にあるような農業だと、合間作業が苦もなくできます。

家族経営には余裕がある

農業の場合は忙しい時期とそうでない時期の差がとても大きいもの。家族経営の場合は暇な時は休めばいいのですが、規模拡大して人を雇うとそうはいきません。逆に年間雇用を確保するために仕事を生み出さなければならないということもあるでしょう。

風来では、直売と家族経営ということを活かして、土日は野菜などの発送を基本休みにしています。そうすることで、いろいろなイベントをやる余裕が生まれ、新たな展開が生まれました。もちろん休みもとるようにしています(まあ畑に出ることも多いですが)。

自然相手の農業は作業を人間の都合に合わせるより、自然に合わせてフレキシブルに作業したほうが効率的なことが多々あります。生活と一体化できるのが家族経営のよいところだと思います。このように今は、小さい農業だからこそのメリットを日々実感しています。

第2章

野菜つくり
――コンスタントに育てる

1……少量多品目で継続的にとる

当初から無農薬栽培

限られた畑を活用するには少量多品目栽培がなんといっても有効です。そして少量多品目はリスク（危険）の分散にもなります。小さい畑では継続的に何かしらの野菜がとれることが大事。そんななかでも風来の畑は三〇aという通常の野菜農家の一〇分の一くらいの大きさ。この小さい畑を最大限に利用すべく、いろいろ実践してきました。

農法でいうと、風来では当初から無農薬栽培をしています。就農当時は無農薬栽培技術も今ほど普及しておらず、手探り状態で始めました。そんな時に大いに参考にしたのが『図解 家庭菜園ビックリ教室』（井原豊著・農文協）という本です。一九九四年に発行された二〇年以上前の本ですが、タネ播き後は鎮圧すること、またトマト苗はヒョロヒョロにして横植えし、茎から発根させて強くすること、タネの保存方法など、今でも色あせることなく利用しています。

農業技術本もいろいろ出ていますし、私もいろいろ試しましたが、何冊も参考にすると、こっちの本のラクなところ、あっちの本のラクなところと自分の都合のいいところばかりを寄せ集めて、結果的には失敗してしまいます（実体験大いにあり）。まずはこれと決めた一冊をとことんやるほうが結果的に農に対する理解が深まります。

身近な材料でボカシ肥料作り

就農当初（一九九九年）は雑草も生えないくらいの養分のない土ということで、近所でこだわりの養豚をやっている農家さんから分けてもらった豚糞堆肥を中心に土つくりをしてきました。春・秋の年二回、豚糞堆肥二tと貝化石一〇〇kg（いずれも一〇a当たり）を施用。

肥料としては最初、市販の有機一〇〇％（魚かす中心六―七―四）のものを使っていたのですが、高くつくということと、自分で安全性が担保できないということもあり、途中から知り合いの農家から分けてもらえる材料を中心に手作りボカシ肥料にシフトしました（図2―1）。

仕込みは一月と七月の年二回。材料

を管理機で攪拌して、一月は三週間、七月は一〇日間かけて発酵させ、一〇a二〇〇kg施肥してきました。これを七年ほど続けました。

炭素循環農法へ

そして二〇一二年から炭素循環農法に完全切り替えました。炭素循環農法とはC／N比（炭素量とチッソ量の比率）を上げるためにチッソ肥料を使わず、キノコの廃菌床やバーク堆肥、緑肥、雑草などを浅くすき込み、キノコ菌などの糸状菌の働きを活発にする農法です（詳しくはWEBなど参照ください）。

風来の実際のやり方は図2―2のとおりです。

炭素循環農法のメリットは堆肥のように畑の土となじませる必要がないので、切り替えがすぐにできるということ。昨日までキャベツが植わっていたところが翌日はナスが定植できるということも。デメリットとしては初期生長が遅いというところでしょうか。

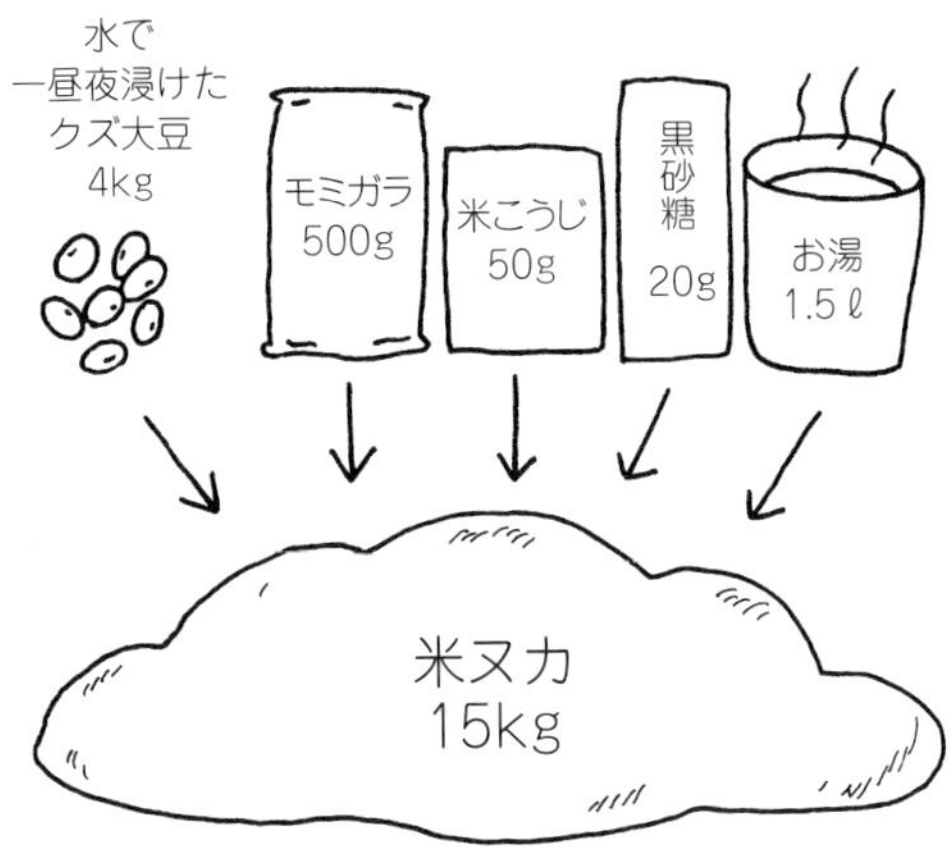
水で
一昼夜浸けた
クズ大豆
4kg
モミガラ
500g
米こうじ
50g
黒砂糖
20g
お湯
1.5ℓ
米ヌカ
15kg

これらを管理機で攪拌する。1月は3週間、7月は10日間かけて発酵させる。10a当たり200kg施用

図2－1　ボカシ肥料のレシピ

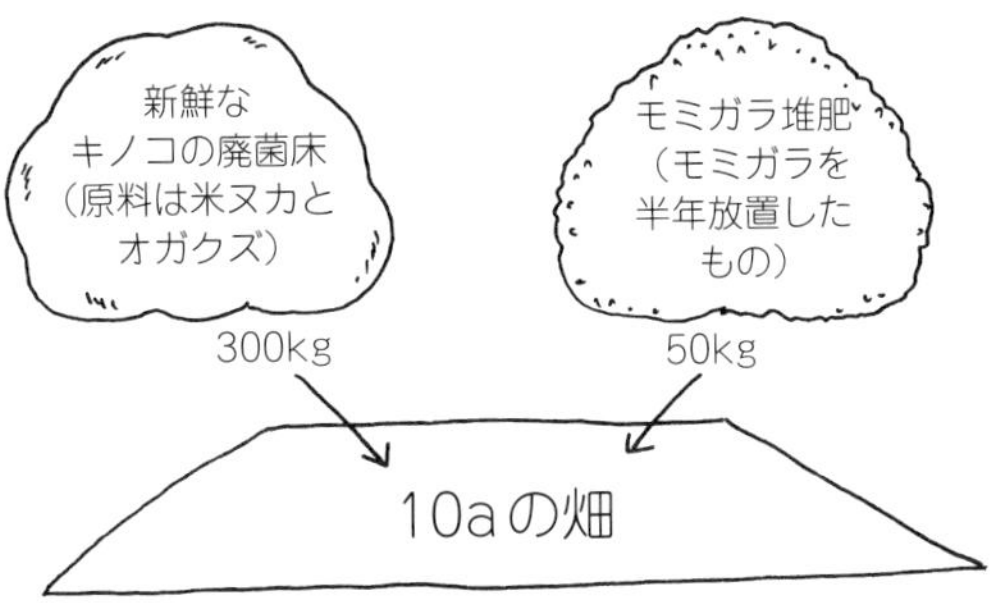
新鮮な
キノコの廃菌床
（原料は米ヌカと
オガクズ）
300kg
モミガラ堆肥
（モミガラを
半年放置した
もの）
50kg
10aの畑

表面を管理機で軽く耕してマルチをかける。
翌日から植え付けできる

※この農法は、「廃菌床についている菌が生きていれば、施用後すぐに播種、定植しても大丈夫」とされている。「廃菌床につくキノコ菌などの糸状菌は、いったん縄張りを確保し有機物をガードしてからゆっくり分解するという性質上、一度に大量のチッソを必要としないのでチッソ飢餓を起こさない」という

図2－2　風来の炭素循環農法のやり方

安全で味がいい野菜を育てたい

私が炭素循環農法に切り替えたのはより安全でおいしい野菜を育てたいと思ったからです。個人販売、直売していくなかで何を重点におくか。見た目、値段勝負だと大規模農家にかないません。別の価値が必要となります。それはイタリアン野菜やハーブに特化した「珍しさ」という価値でもいいでしょう。私の場合は個人のお客さん中心ということで「安全で味がいい」ということを追求しています。

農法は人それぞれ、またその地域の気候や土などに合った方法があると思います。私はこれから有機や無農薬、自然農法というカテゴリー分けは無意味になってくるのではないかと思っています。表面上の育て方ではなく、できた野菜がどんなものなのか。残留農薬の問題もさることながら、硝酸態窒素の値もこれからクローズアップされてくることでしょう。農家自身が生活者の一人として（特に直売農家は）、そういった意識を持つことがとても大切になってくると思います。

今、野菜を育てるうえでとても大切にしているのが「野菜は法律でなく法則で育つ」という言葉。あの人が言ったから地球環境にとって良い悪いというのは人間の頭の中で考えたこと、その野菜にとって最適な環境を整えてあげると野菜は自然と育ってくれます。たとえば、いい土とは、いかにいい微生物を多くするかということ。そのため風来では高ウネにしてマルチを使用しています。こうすることによって微生物（糸状菌）が過ごしやすい湿度を保つことができます。その環境が揃うのであれば、やり方は自由です。

2 混植で効率よくとる

ウネは一列ごとに作付け管理

いかに収穫量を上げるかというのは農家の共通した願いですが、小さい農業の場合は一時的に特定の野菜が過多なくらい豊作になるより、コンスタントに種類と平均的な収量が求められます。風来の畑は小さく、ウネごとに野菜が違います。また同じ野菜でもまとめてタネ播きと定植をせずに少しずつずらしたりもします。そうするとウネごとに野菜の終了時期も違ってくるので、そのたびにそれぞれのウネを壊したり立てたりなんてとてもできません。

そこで風来では一度作ったウネを動かさず固定しています。どのウネも基本幅一・五m（ナス、キュウリ、トマトなどの実野菜は一列、ハクサイ、キャベツ、ブロッコリーなど葉野菜は三列、カボチャ、スイカは二つのウネをくっつけて使用）。また管理機でウネの表面を軽く起こす半不耕起栽培なので、一つのウネごとに切り替えることができます。

一ウネに一種類はもったいない

小さい畑では一つのウネに一種類なんてもったいない。混植も当たり前にやっています。

混植することで面積当たりの収穫量、収穫額が増える利点もありますが、ウネの数が少なくなると何よりも手間が省けます。ハーベスターなど大型機械を入れるところでは効率が悪くなるのでしょうが、手で収穫する小さい野菜農家にとってはコスト的にも時間的にもメリットがあります。

生長を助け、虫食いもなくなるマメ科混植

混植するほうがよく育つ組み合わせもあります。まず混植しやすいのがマメ科。すぐ近くに植えてもお互いの生長を阻害することはありません。マメ科は空気中のチッソを固定してくれるので、逆にそれぞれの生長を助けている感じすらあります。

ニンニク、タマネギと混植すると虫が寄り付かず虫食いもなくなります。これはナス科とエダマメにもいえます。ただ調子にのって植えすぎると光の奪い合いになってしまうので、そのあたりのバランスは考える必要があります。

トマト、ナス、ピーマンのウネの肩にエダマメ

たとえば、トマト、ナス、ピーマンは一ウネ一列ですが、その脇、ウネの肩のところに苗にしてエダマメを植えます（写真2—1）。三〇cm間隔（図2—3）。両側に植えてもいいのですが、さすがに作業の邪魔になったりするので片側にしています。

エダマメは、昔は畦豆といって田んぼのアゼや空いたところに植えたそうですが、風来でもエダマメ用にわざわざウネを作ることはありません。

写真2−1　白ナスのウネに混植したエダマメ*

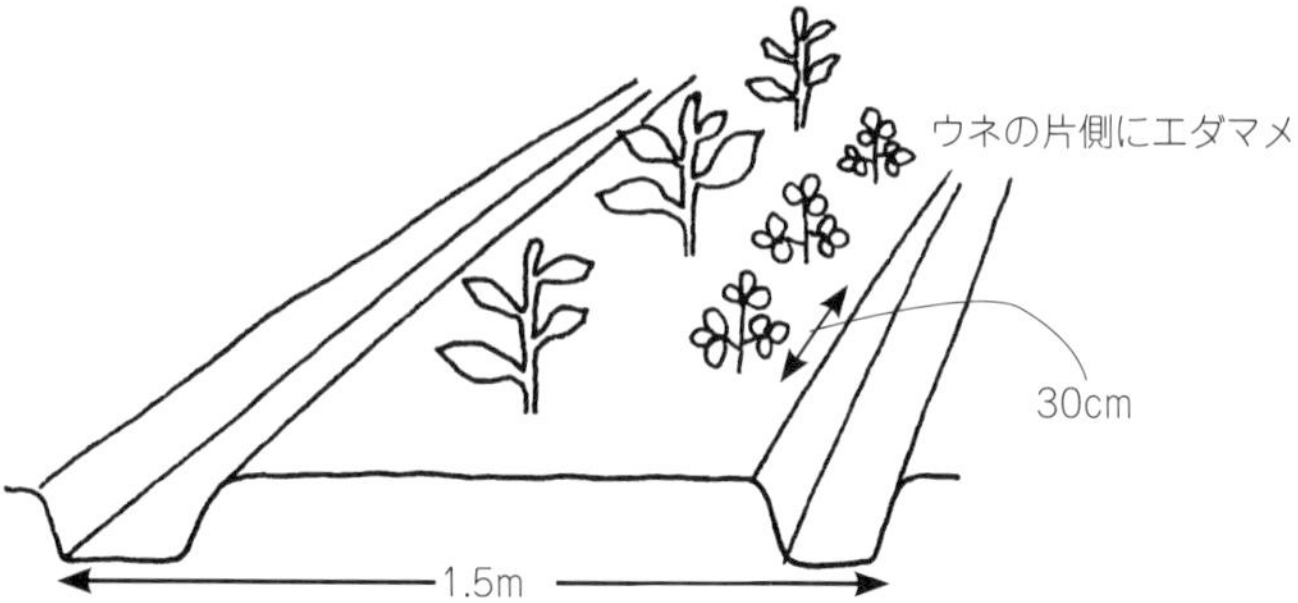

図2−3　トマト、ナス、ピーマンにエダマメ

ニンニクやタマネギもマメ科と

春先収穫する定番がソラマメとニンニク、スナップエンドウ、キヌサヤエンドウとタマネギです。

ニンニクは一ウネ五列、一五cm間隔で定植しているのですが、両端二列はニンニクを三つ植えたらソラマメ用に一つ空けておきます。そこに十月に入ってからソラマメを一粒ずつ播いていきます（図2−4）。

タマネギも同じように一ウネ五列、一五cm間隔で植えているのですが、同じく両端の二列、タマネギ苗を三つ植えたらスナップエンドウかキヌサヤエンドウを二〜三粒ずつ播いていきます（図2−4）。スナップエンドウやキヌサヤエンドウは冬、雪が多い時や寒さがあまりに厳しい時、消えてしまうこ

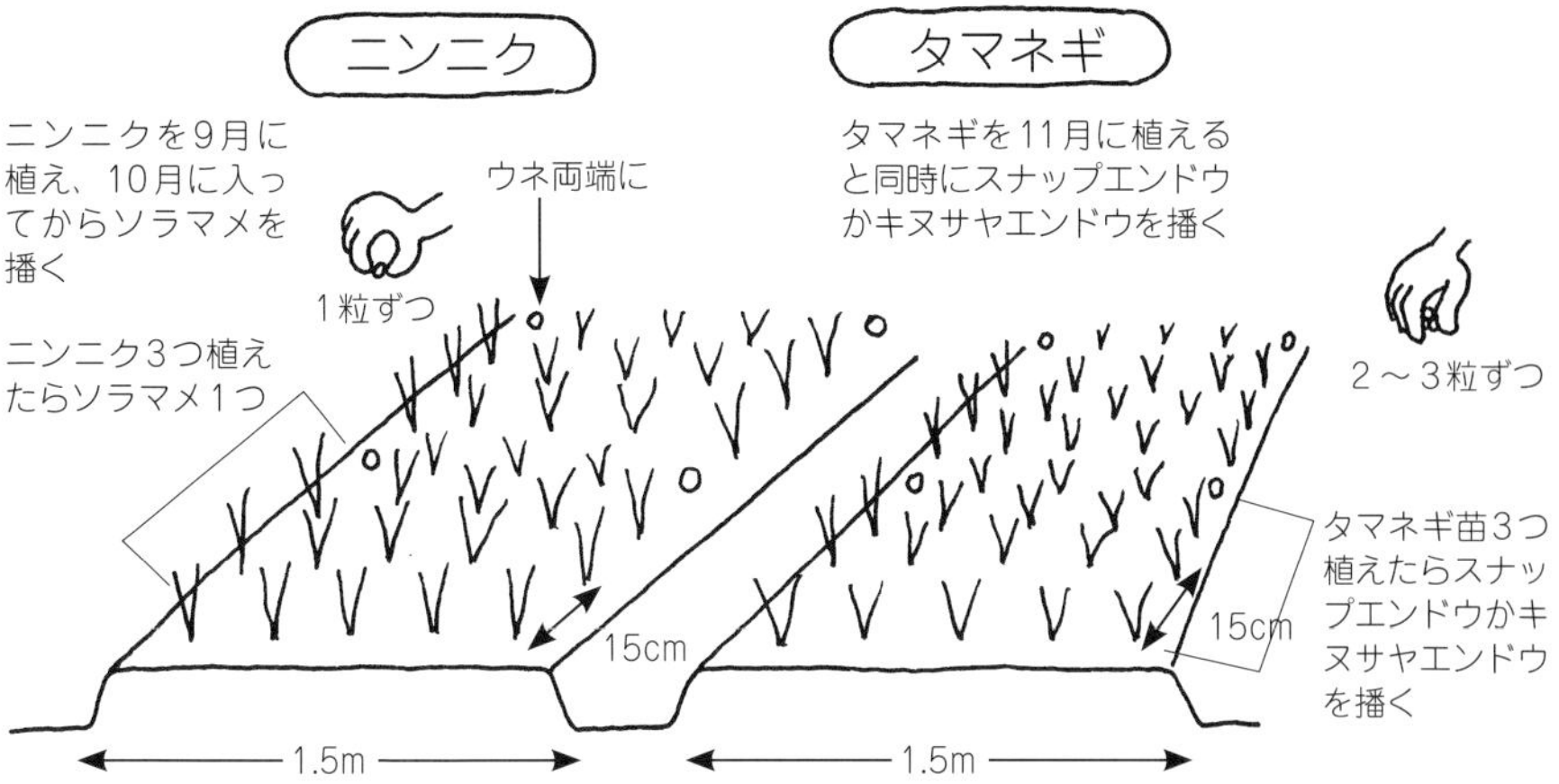

図2−4　ニンニク、タマネギにマメ科混植

とがあるので、その補植用に一月終わりにスナップエンドウとキヌサヤエンドウの苗床で育て、三月になって欠株しているところに定植していきます。

ちなみにキヌサヤは大きくして大キヌサヤにすると、キヌサヤとして収穫できるのはもちろんですが、取り遅れてしまった時はグリーンピースとして活用することができます。

トマトとバジル、青ジソ

トマトとバジル、そして青ジソとの相性もいい（バジル、青ジソに寄ってくるハチがトマトの交配を助けてくれる）ので、トマト一つに対して、バジルか青ジソの苗を定植しています。

アブラナ科同士もケンカしないので、タアサイなど植えて空いたところには辛味ダイコンのタネを播いたりもしています。

お互いの終わりの時期を揃える

混植で必要なことはお互いの終わりの時期を揃えるということ。先の例でいうと、ニンニクとソラマメでは、ニンニクの芽の収穫時期に合わせてソラマメの収穫。そしてソラマメが終了する頃にニンニク本体の収穫になり、タマネギとスナップエンドウ、キヌサヤエンドウも同じぐらいの時期に終了します。同じ時期に終了するとウネの切り替えがスムーズにできます。

3 育苗で畑をムダなく使う

混植は面積を有効活用しようという方法ですが、限られた畑の効率を上げるもう一つの方法は、畑の空く期間を短くするための育苗です。育苗することで畑が空いている期間を極力短くすれば、収穫できる回数が増え、収量アップにつながります。

葉野菜を何度でもとる

夏の実野菜（果菜類）はどんどん成り続けるのでその栽培期間を長くすればいいのですが、葉野菜（特に軟弱野菜）や根菜は一度収穫したら終わり。でも裏を返せば実野菜ほど土の養分を使わないので、何度でも育てることができます。そこで風来では収穫したらすぐ植えられるように八月終盤から十二月頭まで常に苗を用意しています（写真2—2）。

具体的にはハウス栽培の場合、幅一三〇cm×一五cm間隔で横五列のホールマルチ（五・四m幅のハウスなら四列敷ける）を使用し、苗を準備します。ミズナ、コマツナ、チンゲンサイは二〇〇穴のセルポットに、リーフレタス、コスレタス、マノアは一二六穴のセルポットに播き、適度に育ったところで定植していきます。生長して収穫すると同時に苗を植えていきます。こうすることで途切れずに畑を利用することができます。

直播きするものも苗で欠株対策

また苗を準備することは欠株対策にもなります。苗は水管理ができるので発芽率はいいのですが、すべての野菜を苗に育て定植するのは手間がかかります。そこで畑に直接タネを播く直播きも多いのですが、芽が出なかったり、初期生長が悪かったりするものもあります。小さい畑では欠株させておくのはとてももったいない。特に秋冬野菜は準備が一日遅れると収穫する頃には一～二週間遅れたりもします。

そこで畑にタネを播くと同時に保険の意味で苗を育てておきます。特にビーツなどは発芽率が悪いので必要です。風来では畑に直接播くと同時に苗も育てるものに、ビーツ（一二六穴のセルポット）、タアサイ（二〇〇穴）、タカナ（二〇〇穴）、カブ（一二六穴）があります。カブは苗にして定植しても育てることができます。

サツマイモの収穫と同時に冬ジャガイモを植え付け

定植時期と収穫時期がかぶるものにサツマイモと冬ジャガイモがあります。

北陸ではサツマイモの収穫とジャガイモの定植が八月の終わりから九月頭に重なります。もちろん冬ジャガイモ用のウネを用意しておけばいいのですが、冬ジャガイモは春ジャガイモと比べて収量が少ないのでもったいない。そこで風来は八月の中頃にジャガイモの芽出しをします。イネの苗箱に薄く土を敷き、適当な大きさに切った種イモを切り口を下にして並べ、その上から土をかぶせます。これで定植時期が二週間ほど早められ、サツマイモの収穫と同時に定植できます。

ジャガイモは養分をあまり必要としないので、サツマイモを収穫したあとにそのまま定植しても収量はそれほど変わりません。

写真２−２　ハウスの中には常に苗がいっぱい＊

4 わき芽収穫で連続どり

収穫は一度だけではもったいない

キャベツやハクサイは普通、一度収穫したら終わりです。しかし、風来ではキャベツ、ハクサイは「葉野菜」というより「芽野菜」という存在で何度も活用しています（図2―5）。

以前から、キャベツを一度収穫しても、しばらくするとわき芽が出てくるのを見て、もったいないとは思っていました。そこで二回目、三回目も収穫できないか本気で試してみたところ見事に収穫できました。

そんななか、実際にやってみると向いている品種と向いていない品種があることや、いくつかのポイントがあることがわかってきました。それは品種と定植時期、わき芽の残し方です。

連続どりに向いた品種

何度もとるのに向いた品種はグリーンボール系と春キャベツ。

具体的に私が使用している品種は、グリーンボール系がレンヌ（タキイ）そしてベルデボール（トーホク）、春キャベツは秋蒔極早生二号、冬丸（いずれもタキイ）です。

グリーンボール系は小さめですが、密植できるのが特徴で吸肥力が強いといわれています。そのあ

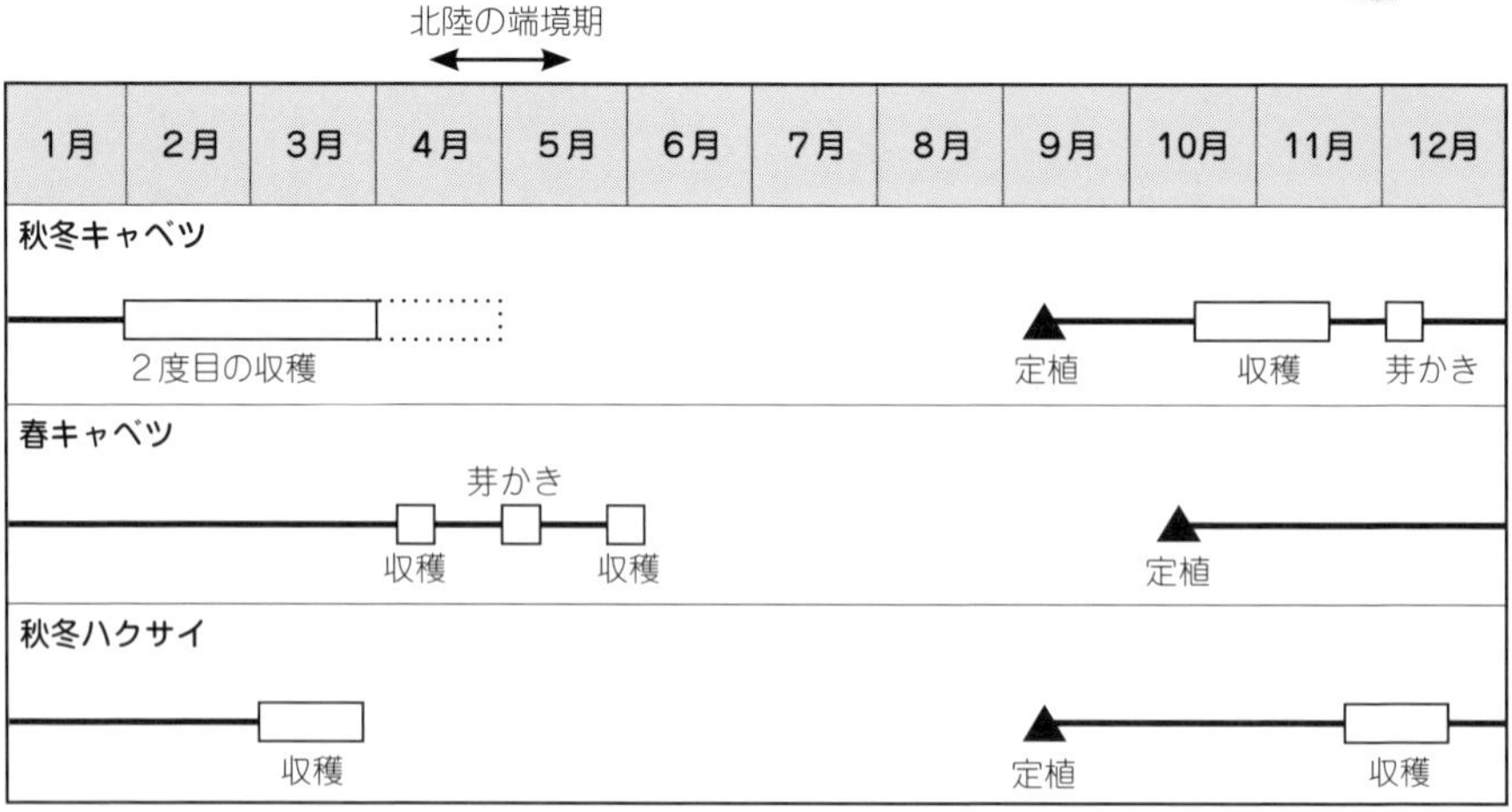

図2―5　キャベツ・ハクサイの栽培暦

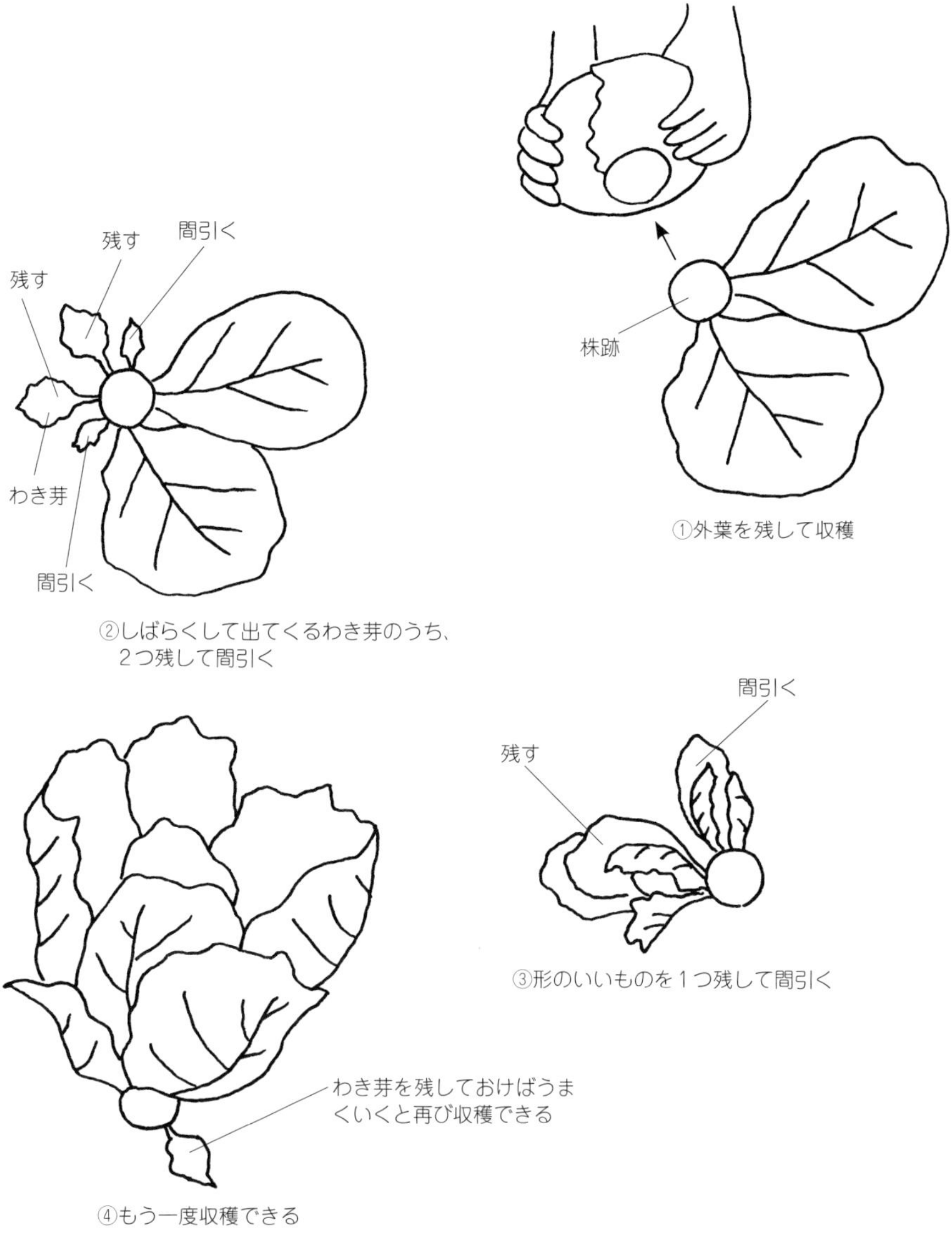

図2−6　キャベツのわき芽収穫

たりが数回どりに向いているのかと思っています。

いずれもミニキャベツやミニハクサイのような小さめのものが向いています。早く収穫できるので、後述するように、わき芽が生長しやすいことがポイントです。

一回目の収穫時期が大切

一回目の定植時期が大切です。

ここ北陸では九月頭に定植すると十月中頃に収穫できます。そうなればしめたもの。外葉を多めに残して収穫すると、しばらくしてわき芽が出てきて大きくなります。定植が九月後半になると、わき芽が大きくなりません。

わき芽はその中の二つ残して間引き、年明けぐらいに形のいいほうを残し最後は一つにします。そうすると二～三月にかけてもう一度収穫することができます（図2―6）。わき芽を多く残すと、やはり大きくはなりません。

その年の気候にもよりますが、うまくいくと四月頃にもう一回収穫できます。いずれにせよ風来では二度目の収穫以降もわき芽を残しておきます。四月下旬頃から暖かい日が続くと芽が上がってきます。風来の場合はこれをキャベツの芽として、茎ブロッコリーの代わりに販売します。こちらもやわらかくて好評です。

ただキャベツの場合はその地域の気候によって大きく変わってしまうので数度どりする時にはその地域に合わせた作付けがあるかと思います。

春キャベツと冬ハクサイも

春キャベツについては少し早めに十月中頃に播いて四月中頃に収穫。そのあと同じように芽かきをすると、五月終わりにもう一回収穫できます。こちらもその後はキャベツの芽として販売します。二回目、三回目に収穫するキャベツは玉が一まわり小さくなります。

冬ハクサイも収穫する時に外葉を多めに残して収穫すると、わき芽が出てきます。タイミングがいいと春先に小型ハクサイが収穫できますし、またハクサイにまでならなくても春には菜の花として収穫できます。

5 キャベツ、レタス、ハクサイの超密植栽培

春の端境期にとれる

ここ北陸では、四月中頃から五月中頃が野菜のいちばん薄い時期ということで、その時期に向けて、ハウスの中で超密植栽培をしています（図2―7）。

二月の中頃にハウスの中でグリーンボール系キャベツと半結球レタスのマノア（タキイ）、それに小型ハクサイのお黄に入り（タキイ）を同時に播種して苗を育てます。

それを三月中頃に定植（図2―8）。使用するマルチは幅一三〇cmで一五cm間隔七列のホールマルチ（孔径四五mm）。左右の端と真ん中にハクサイを定植（一つ飛ばしで三〇cm間隔）、その間にハクサイとチドリでグリーンボール系キャベツ（こちらも三〇cm間隔）。その間の列にレタスを定植します（キャベツと同列に三〇cm間隔）。こうして一カ月もするとまずレタスが収穫でき、それから半月後（五月頭）にはハクサイが、そして五月の後半にはグリーンボール系のキャベツが収穫できます。

小型だから直売向き

それぞれ生長のスピードが違うので互いの光を奪うことがありま

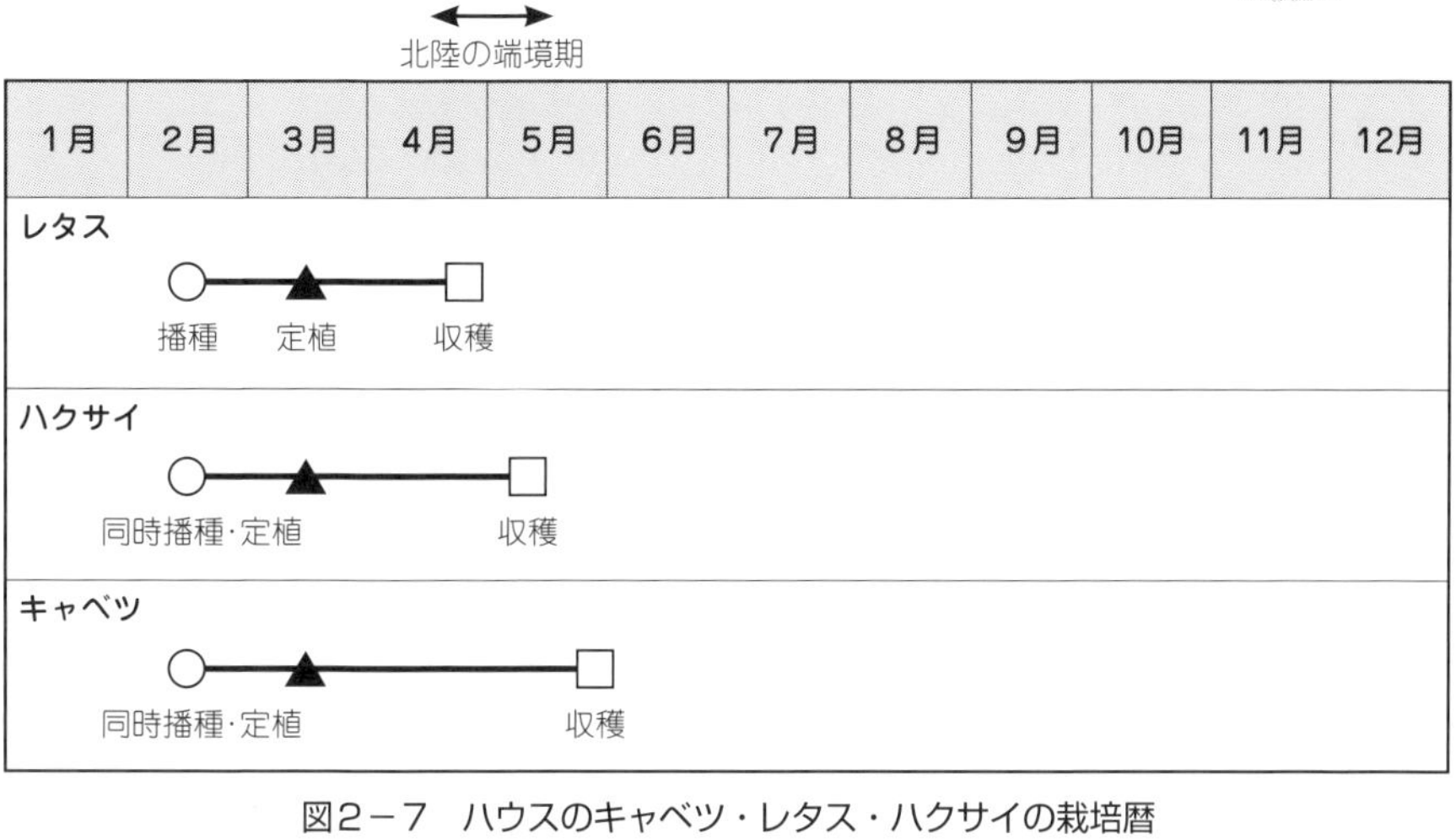

図2－7　ハウスのキャベツ・レタス・ハクサイの栽培暦

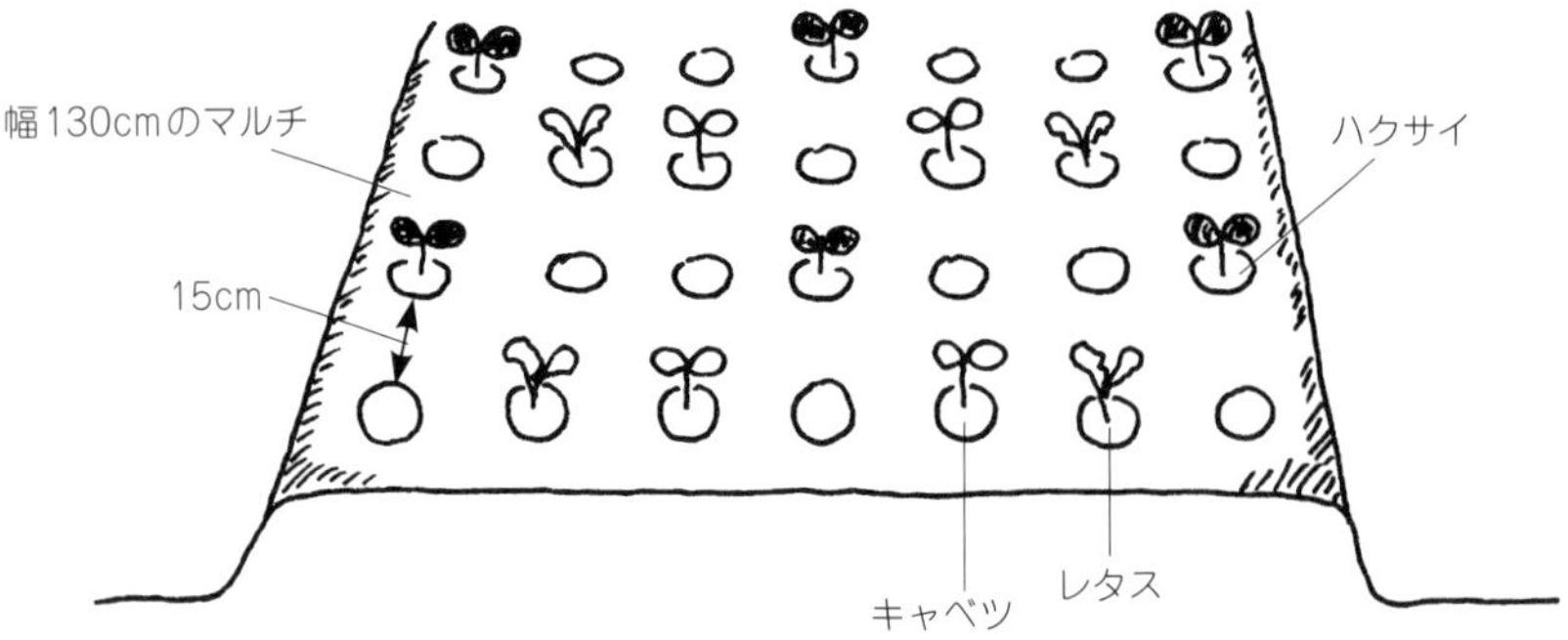

図2－8　キャベツ、レタス、ハクサイの超密植栽培

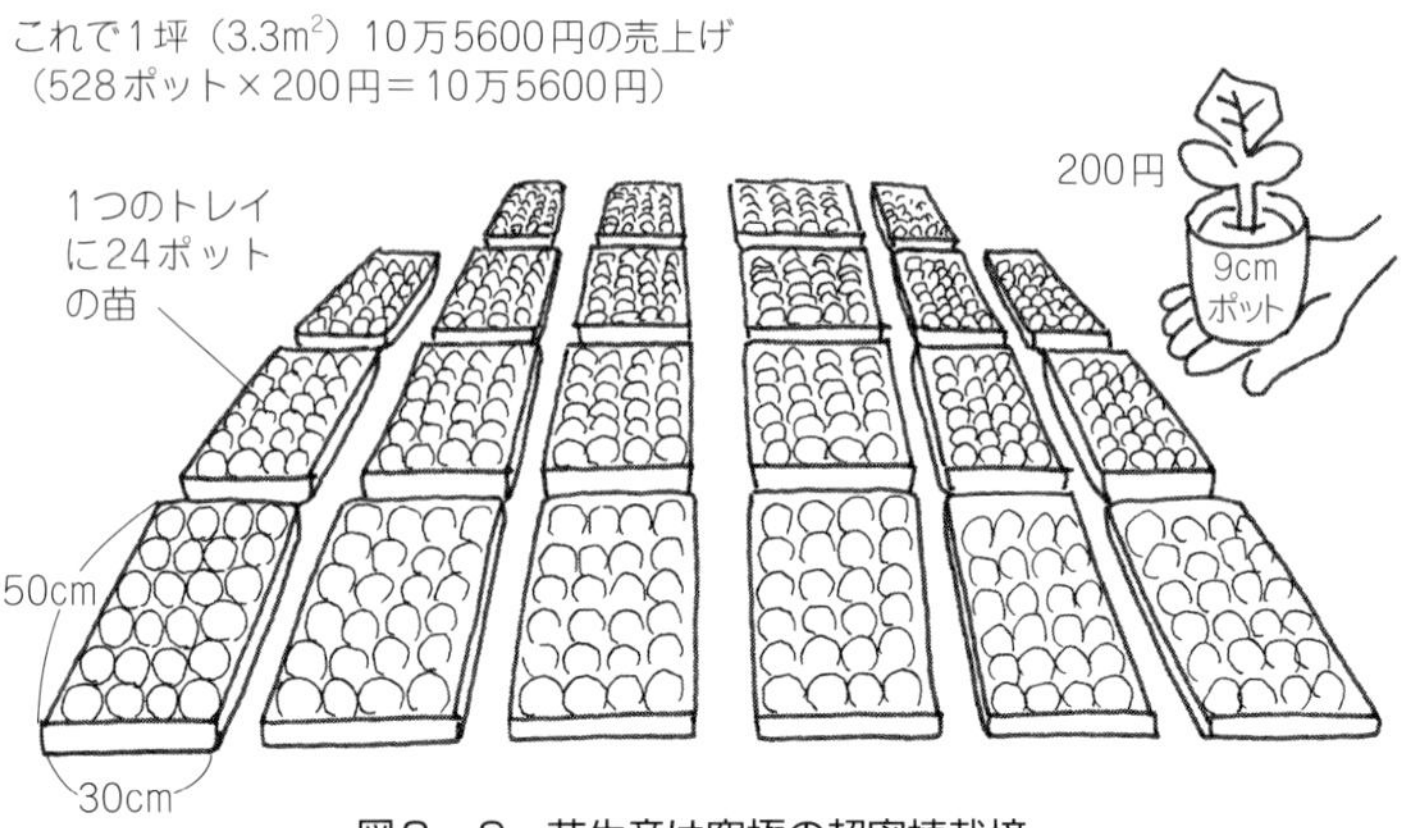

図2－9　苗生産は究極の超密植栽培

せん。これで三種類の野菜がほぼ欠株なく収穫できます。もちろんそれぞれ小型ではありますが、直売では小型も人気（野菜セット用には小型がベスト）なので、このやり方はお気に入りです。

ただハクサイの生長が気候で早くなると、マノアに光が当たらず細長くなってしまうこともあります。そこで最近はマノアのところにハツカダイコン（白姫はつか大根）や小カブ（サラダかぶ）を播くようにもしました。

究極の超密植栽培は苗

作物で面積当たりの売上げを反収という言い方をしますが、反収がいちばん高い農産物は何だと思いますか？作物ではなく農産物というのがミソで、答えは苗です。これこそ、究極の超密植栽培といえます。

風来では、一つ当たり直径九cmの

ポットの野菜苗を二〇〇円（税抜き）で販売しています。五〇cm×三〇cmの育苗トレイで二四ポット、計算上一坪（三・三㎡）に五二八ポット×二〇〇円＝一〇万五六〇〇円の売上げになります（図2―9）。一坪でこれだけの売上げがある農産物はそうそうないと思います。

風来で苗を販売しようと思ったのは農のよさ、大変さを伝えるのは育ててもらうのがいちばんということから始めたのですが、春先には大きな収入源になってくれています。販売期間は短く、通年というわけにはいきませんが、苗を農作物として販売してみるのもおもしろいかと思います。

苗を販売するコツは農家である強みを活かすこと。風来で販売している苗は通常より高いのに、送料を出してまでわざわざ買ってくれる人が多くいます。栽培のプロである農家の苗だからこそ、何か栽培してみてわからないことがあれば聞けるだろうという安心感もあるようです。またそういった質問や育ち具合を報告していただいた人たちはその後も風来のお客さんになってくれています。

6 野菜セットのための品種選び

変わり野菜はほどほどに

風来では、旬の野菜を箱に詰めて発送する野菜セットが今や主力商品となっています。野菜セット用の野菜も、いろいろ試行錯誤がありました。最近では野菜を育てる能力と野菜セットを組む能力は違うものだとわかってきました。野菜を育てる能力に優れていても、農家の都合でセットを組んでしまうと喜ばれません。反対に、どのような野菜が入っていたらお客さんが喜ぶかを考えてセットにできれば、野菜の大きさや見栄えにはとらわれなくていいということです。

そして野菜セットを出し続けるには先にも書きましたが、一年中コンスタントに種類を揃えることが必要になってきます。

ただ食に関して人は意外と保守的です。最近は直売所で変わり野菜も出ていますが、農家が進みすぎて買う人はついていくことができない状況も生じます。風来でもいろいろな変わり野菜を育ててきましたが、今は食べ方が想像できる程度のものがいいのではないかと思っています。

トロリとした絶品「在来青ナス」

そういったなか、人気なのが在来青ナス（自然農法種子）。米ナスのワンランク上の味がして、焼くと中がトロリとする絶品ナスです。もう一つは半結球レタスのマノア（タキイ）。サラダとしておいしいのですが、無農薬で簡単に育てられるところも気に入っています。生で食べられるカボチャのコリンキー（サカタ）も人気の一つです（野菜セットには食べ方のイラストをつけています）。

春先から秋口まで重宝しているのが、白姫はつかダイコン（トーホク）。つららのような細長いダイコンのミニチュア版で、丸ラデッシュのように割れることもなく密植でき、大根おろしとしても使えます。漬物としてもかわいらしくて、ヌカ漬や浅漬けにしても人気です。

写真２－３　ビーツの葉

春の端境期にビーツ、フダンソウ

野菜を年中出荷するには端境期向けに何を育てるかも問題になってきます。ここ北陸の端境期は一月、二月の真冬

写真２－４　フダンソウの葉

と思われがちですが、実際には四月中頃から五月中旬。春野菜の生長はまだで、冬野菜が花をつけてしまう時期。

そんな四月に重宝するのが十一月頭播きのビーツ、デトロイトダークレッド（ニチノウ、タキイ他）です（写真2―3）。ビーツはアカザ科でホウレンソウの仲間。マイナス二〇度にもなるロシアで育てられているせいか、寒さには強く、トウ立ちがとても遅いので（五月）、他の野菜がトウ立ちするなかで収穫できます。

本来は根の赤い部分がメインなのですが、葉がおいしいので、風来では葉野菜として出荷しています。

ビーツの仲間でフダンソウのスイスチャード（タキイ、サカタ他）も同じようにトウ立ちが遅く、端境期に重宝しています（写真2―4）。

新しい品種もいろいろ試してきましたが、昔からあるロングセラーの品種は安定しているということの証明でもあり、結果的にスタンダードな品種に戻る……なんてこともしばしばありません。

7……漬物のための品種選び

品種から選べるのは農家の特権

風来は畑でとれた野菜を野菜セットとして、また漬物などの加工品にして、主にネットで販売しています。

原材料から育てることができるのは農家の特権です。言い方を変えると、品種から選べるのは農家にしかできません。それが農家の強み。以下紹介する品種は、あくまでも私が実践してきてよかったものというものではありません。大切なのは実際試してみるということ。そしてそれは農家にしかできません。

すが、参考になれば幸いです。

キムチに向くハクサイは「健春」

ハクサイは、漬物にするのであれば日本の品種より韓国、中国など大陸のものがおすすめです。風来では春播きは健春（タキイ）という品種を育てています（写真2―5）。健春は一昔前の品種ですが、タネ採りは韓国でされています。

よく韓国産のニンニク、トウガラシ

は甘味があるといわれていますが、健春も甘味があります。土壌の違いでしょうか、日本の野菜は相対的にみて香りはいいし、煮炊きして食べるにはおいしいのですが、生だと少しエグ味が出ます。健春は塩漬けにした時にエグ味が出ません。

不思議なことに、健春や韓国ニンニク、韓国トウガラシも、一年目は韓国でとれるものと同じ味わいになるのですが、タネ採りをして育てると日本のものと同じ味わいになってしまいます。野菜の順応性がそうさせるのでしょう。今はキムチ用ハクサイや漬物用ハクサイという品種も出てきました。そちらを試してみるのもいいかもしれません。

キュウリは四葉系「イボ美人」

漬物に向いたキュウリは何といっても四葉キュウリ。皮が薄く、漬物にしてもシャキシャキとした食感が残るからです。

育てやすい短形四葉キュウリもそれぞれのメーカーから出ていますが、味わいがあって収量もあることから風来ではイボ美人（自然農法種子）を育てています。

大きいものはザク切りにしてキュウリキムチ、ピクルス、小さいものはスティック状の浅漬けに、ちょうどいい大きさであればヌカ漬にしています。

ナスは肉質が緻密な「千両二号」

ナスは水ナス、長ナスなどいろいろ試しましたが、うちの育て方では意外なことにスタンダードな品種である千両二号（タキイ）が浅漬け、ヌカ漬にいちばん合っています。肉質が緻密でしっかりと味が染み込み、漬物にしたあとの食感がとてもいいのです。

ダイコンは主に二種類

▼浅漬けにはキメの細かい「源助」

秋から冬にかけてからしか育てられませんが、かつお大根や浅漬けにしておいしいのが源助大根（ニチノウ、サカタ他）。おでんなどに最高といわれていますが、キメが細かく漬物にしても最高です。ただ短形小太り型でイ

郵便はがき

おそれいりますが切手をはってお出し下さい

3350022

（受取人）
埼玉県戸田市上戸田2丁目2－2

農文協
読者カード係 行

◎このカードは当会の今後の刊行計画及び、新刊等の案内に役だたせていただきたいと思います。　はじめての方は○印を（　　）

ご住所 （〒　　－　　） TEL： FAX：	
お名前　　男・女　　歳	
E-mail：	
ご職業　公務員・会社員・自営業・自由業・主婦・農漁業・教職員（大学・短大・高校・中学・小学・他）研究生・学生・団体職員・その他（　　）	
お勤め先・学校名	日頃ご覧の新聞・雑誌名

※この葉書にお書きいただいた個人情報は、新刊案内や見本誌送付、ご注文品の配送、確認等の連絡のために使用し、その目的以外での利用はいたしません。

● ご感想をインターネット等で紹介させていただく場合がございます。ご了承下さい。

● 送料無料・農文協以外の書籍も注文できる会員制通販書店「田舎の本屋さん」入会募集中！
案内進呈します。　希望□

■毎月抽選で10名様に見本誌を1冊進呈■（ご希望の雑誌名ひとつに○を）

①現代農業　②季刊 地 域　③うかたま

お客様コード

お買上げの本

■ご購入いただいた書店（　　　　　　　　書店）

●本書についてご感想など

●今後の出版物についてのご希望など

この本をお求めの動機	広告を見て（紙・誌名）	書店で見て	書評を見て（紙・誌名）	インターネットを見て	知人・先生のすすめで	図書館で見て

◇新規注文書◇

郵送ご希望の場合、送料をご負担いただきます。

購入希望の図書がありましたら、下記へご記入下さい。お支払いはCVS・郵便振替でお願いします。

（書名）　　　　（定価）¥　　　　（部数）　　部

（書名）　　　　（定価）¥　　　　（部数）　　部

チョウ切りにするには小さいほうがよいので、一カ所に二本同時に育てています。

▼タクアンは形が揃う青首の宮重系

タクアンには青首の宮重系ダイコン。寒干ししたあとに甘味が出るからです。宮重系にもいろいろな品種があり、味わい的な違いは微妙なのですが、風来では形が揃いやすい青の幸（トーホク）を株間一五cmで栽培しています（写真2―6）。寒干しして形のよいものは寒干しタクアンに、形が悪いものはスライスして松前漬けにしています。

写真2－5　ハクサイの健春（タキイ）

写真2－6　タクアンに最適なダイコン、青の幸（トーホク）

ウリの粕漬けには「黒瓜」

農家ならではの漬物として、黒瓜（トーホク）というウリで粕漬けを作っています。

黒瓜は皮が薄くて実もやわらかいのですが、シャキシャキ感も残ります。ただ、漬けるとペッチャンコになってとても歩留りが悪いため、漬物屋さんではあまり漬けません。農家だからこそできる漬物といえます。今ではリピーターさんが増え、大人気商品となっています。

農家には品種を選べる強みがありますが、その漬物に合った育て方ができるというのも大きな強みではないでしょうか。大きくしよう、見た目をよくしようと思うとチッソを多く施肥し、結果的には野菜にエグ味が残ってしまいます。最初から漬物にすると思えば見た目より味・安全性を重視することができます。そしてそのことも大きな売りになります。

もちろんすべての野菜、副材料を育てることは、加工品販売量が増えると難しくなってくるでしょう（風来もすべての野菜を自分のところで栽培しているわけではありません）。そんな時は農家仲間に頼んでつくってもらうのもいいと思います。農家として品種や育て方を知ったうえで使っているというのは、それだけでも強みになります。

第3章

漬物・お菓子作り

──長く売れる加工品を作る

1 生で売るより加工して売る

販売期間を延ばせる

野菜農家の場合、ある程度の大きさ（二～三ha）で直売すれば、新鮮な農産物だけで十分やっていくことはできます。さらに加工を取り入れると、生鮮野菜だけ売るよりもリスク分散になりますし、安定感が増します。

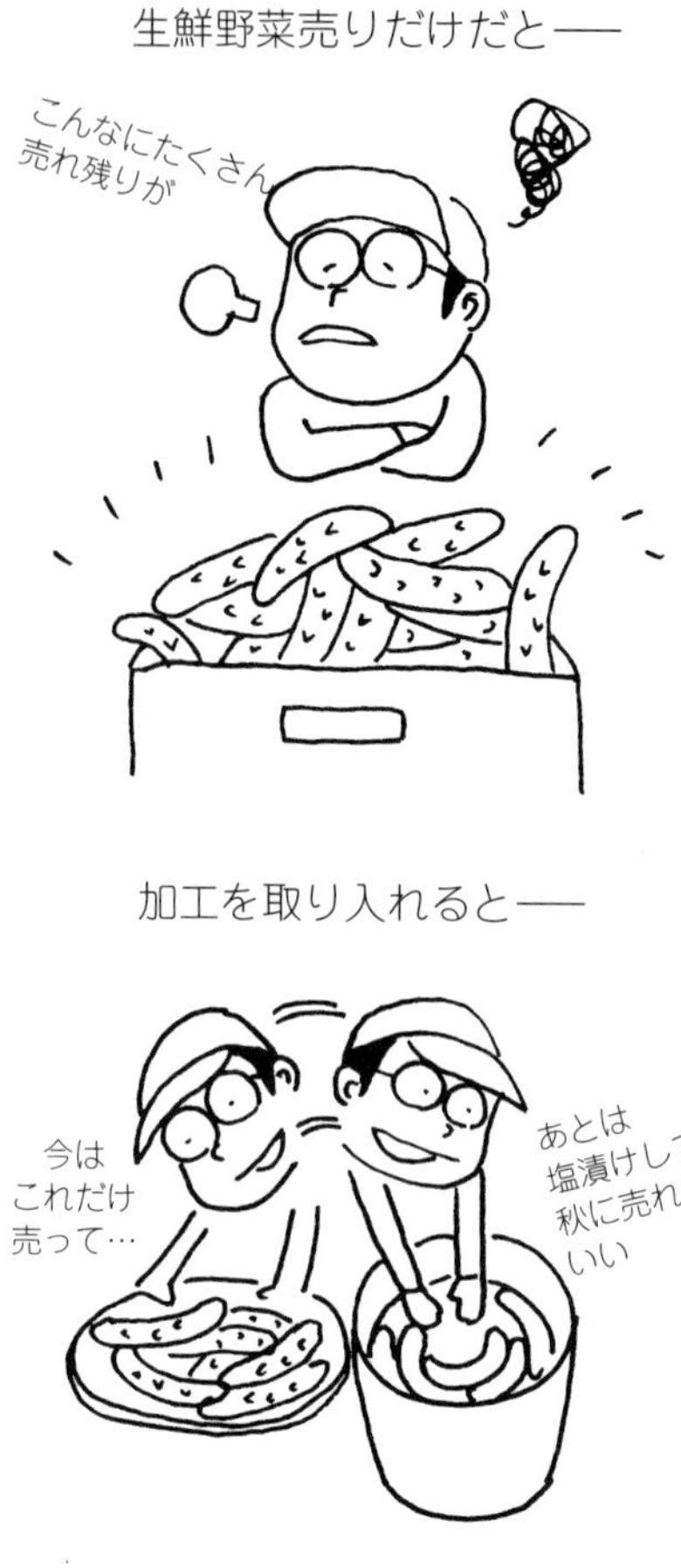

図3－1　加工して販売期間を延ばす

一般に加工のよさは付加価値をつけて高く売れるということに重点がおかれますが、それだけに留まりません。保存期間が延び、販売時期をコントロールできることがいちばんのメリットだと実感しています（図3―1）。

例えばキュウリ。初夏に爆発的豊作になった時は、周りにキュウリのあふれる状況になります。安値で売るより、とりあえず塩漬けしておいて、合間をみて粕漬けや味噌漬けにすれば、時間ができてくる晩秋にゆっくり販売することができます。加工をやってみることでさまざまな可能性が広がります。

目的は所得を上げること

今、農家の「六次産業化」を国のほうでもすすめようとしています（農林水産物を生産する一次産業と、それを加工する二次産業、その加工品を販売するサービス業の三次産業、この一、二、

表3－1　風来の漬物ラインナップ

種類	品名	容量（g）	税抜き価格（円）
キムチ系	白菜キムチ	150	300
	大根キムチ	150	300
	キュウリキムチ	150	300
	加賀かぶキムチ	150	300
	豚キムチ用キムチ	300	600
浅漬け系	大根の浅漬け	150	300
	加賀かぶの浅漬け	150	300
	ハクサイ浅漬け	150	300
	キュウリの浅漬け	4本	300
	ナスの浅漬け	3個	300
大根系	かつお漬け大根	180	250
	梅かつお大根	180	250
	ゆず大根	180	250
ぬか漬け	旬野菜のぬか漬け	1袋	350
	キュウリのぬか漬け	2本	250
	ナスのぬか漬け	3個	300
	加賀かぶのぬか漬け	150	300
酢漬け	ピクルス	200	300
	かぶの千枚漬け	150	300
	らっきょう	150	300
かす漬け	黒瓜かす漬け	片身	400
	加賀瓜かす漬け	片身	400
魚系	能登鯖のぬか漬け	1尾	1000
	能登イカの塩辛	120	400
年末10日間のみ販売	かぶら寿し	1個	640
	大根寿し	1個	400
	松前漬け	150	400
寒干したくあん	寒干したくあん	150	400

※価格は変更することもあります（最新の価格はホームページにて更新）

三をかけ合わせて六次産業）。

風来には、なぜか農水省の人がたまに来られます。きっと珍獣を見るような感じだと思いますが……。風来の強みは補助金や支援金などをもらっていないので言いたいことが言えるということですが、以前まさに農水省の六次産業化専門官という人が来られました。そこでその人に「六次産業化した農家さんが、それをする前と、したあとで所得はどうなったか調査してみたことありますか？」と聞いてみました。返ってきた答えは「そんなこと考えたこともなかった」でした。

一般的な会社でも、新たな事業を始めたら、ＰＤＣＡ（Plan・計画→Do・実行→Check・評価→Act・改善）をするのが当たり前。それなのに第三段階の評価すらしていないとは驚きました。このままだと、「国やぶれて山河あり」ならぬ「農家つぶれて加工場残る」になるのではと心配になりました。

今一度考えないといけないのは、農家が加工して販売する六次産業化の本来の目的は何かということです。単に加工や販売もして忙しくなることが目的ではありませんよね。模範解答は農産物に付加価値をつけて売るということかもしれませんが、それは手段でしかありません。本来の目的は、表面上の売上げを上げることではなく、収入、つまり農家の所得を上げることにあるのではないでしょうか。そのためには適正価格で売れるということが大切です。

毎日食べられる味と価格

加工品も農産物と同じです。安さや見た目を売りにすると大手にはかないません。逆に小さいからこそできることもたくさんあります。

風来のモットーは「(安全でおいしいからこそ) 毎日食べ続けられる味と価格」です。そんなところから加工品は無添加、そして後味のいいものを目指しています。以下具体的な例をあげて風来の取り組みを紹介します。

風来の漬物のラインナップは表3—1のとおりです。

このほか思いつきや旬の野菜によってプラスされることがありますが（例としてズッキーニの芥子漬け）、これらが風来の年間漬物です。季節によってできるもの、できないものがありますが、常時一五～二〇種類揃える形にしています。いろいろと試してきて、この形になってきました。

2 浅漬けで売る

浅漬けタイプのハクサイキムチ

風来のいちばん人気はキムチです。やってきて思うのは今は浅漬けが売り物になるということ。そしてスタンダードはやはり強いということです。

浅漬けはあまりに簡単なので正直、最初は売り物になるのかなと思いました。しかし、今は家で漬物を漬けるのが当たり前でなくなったということ、またサラダ感覚で食べられるということで、かなりの人気です。風来ではそれぞれの時期の旬の野菜を旬の浅漬けとして出しています（図3—2）。

材料	
ハクサイ	１玉（3kg）
リンゴ	１個（350g）
ニンニク	半玉（40g）
ショウガ	25g
ニラ	30g
トウガラシ	50g
アミの塩辛	30g
味噌・いしる（魚醤）	適量
自然塩	〃

①

ハクサイを一口大にカットする

②

重さに対して３%の塩で一晩漬ける

③

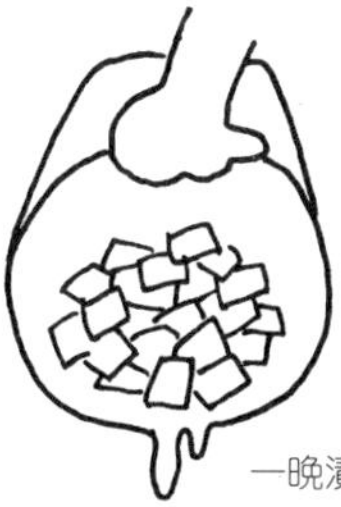

一晩漬けたら水を切る

④

リンゴ、ニンニク、ショウガをすりおろし、ニラ、トウガラシ、アミの塩辛と混ぜる。好みで隠し味の味噌、いしるを加える

⑤

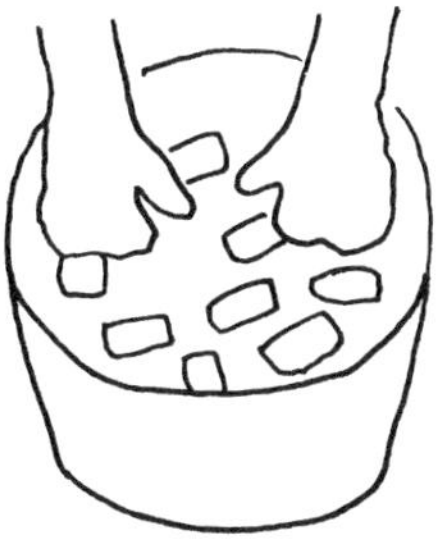

③の水切りしたハクサイと、できたタレを混ぜ合わせてよく揉む

⑥

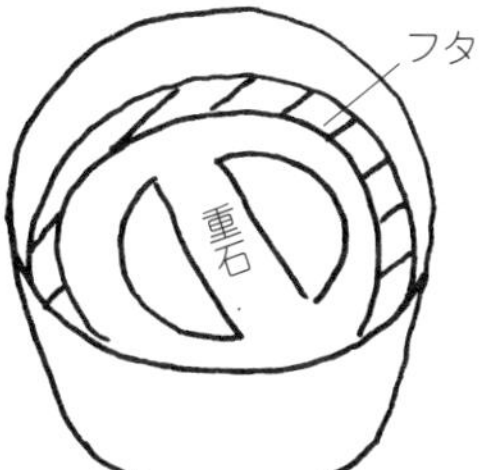

重石をして冷蔵庫で寝かせる。
３日目ぐらいから食べ頃になる

※子どもがいる家庭ではトウガラシ、ニンニクの量を調整する
※タレに米粉を入れるとハクサイに絡みやすくなる（発酵が少し早まる）
※１週間ほどすると酸味が出てくるが、無添加のキムチの酸味は火を通すとうま味に変わる

図３−２　ハクサイキムチの作り方

醤油三：みりん三：酢一が基本

以前、お客さんから「風来さんの漬物は野菜の味がする」と聞いて最初、何を当たり前のことを言っているんだろうと思ったのですが、そのお客さんが続けて「今の漬物は目を閉じて食べると調味料の味ばかりで野菜もぐにゃぐにゃ、元の野菜が何かわからない」と言われて納得しました。大ロットで日持ちさせるためには、どうしても味を濃くしなければなりません。小さい農家が作るものだからこそ素材の味を大切にしたいですよね。

ちなみに風来の浅漬けの作り方は野菜を塩（野菜重量の三％）で揉んでから浅漬け用調味液に一晩漬けてできあがりです。その浅漬け用調味液は、醤油：みりん：酢を三：三：一で合わせたシンプルなものです。このレシピは漬物教室などでも伝えています。

ただ同じレシピでも、微妙なサジ加減で味が変わってきます。このあたりがまさに続けることで生まれる「絶対差」（83ページ）です。今はネットでいろいろなレシピを簡単に見つけることができます。それをいかに自分のものにするかは経験に尽きると思います。

写真3－1　氷温冷蔵庫＊

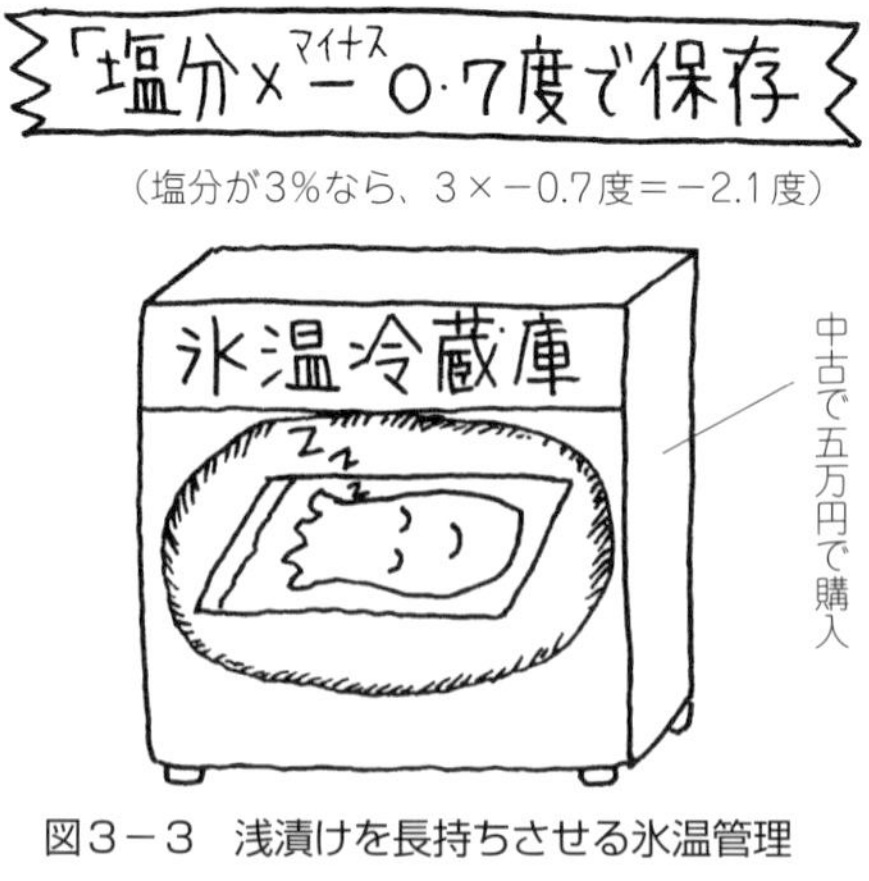
「塩分×ー《マイナス》0.7度で保存
（塩分が3%なら、3×−0.7度＝−2.1度）
氷温冷蔵庫
中古で五万円で購入

図3－3　浅漬けを長持ちさせる氷温管理

浅漬けを長持ちさせる氷温管理

ただ浅漬けは漬けるのも簡単ですが、

日持ちがしないという問題があります。

そこで風来では、基本的に受注生産ということで、注文をいただいてから漬けています。ただ、さすがに一袋一袋漬けるのは手間なので、ある程度（五袋単位ぐらい）で先を読んで漬けています。

日持ちのタイミングは、漬け上がったあと、保存する時の温度管理で調整しています。そこで活躍するのが氷温冷蔵庫（写真3―1）。「塩分×マイナス〇・七」という温度は漬物そのものが凍るか凍らないかのギリギリの温度です。つまり塩分三％なら三×マイナス〇・七度＝マイナス二・一度で保存すると凍らず、また菌が繁殖しないので長く保たせることができます（図3―3）。例えばキムチなら、二週間のところ、四週間保たせることができます。こういった小ロット生産は小さいからこそできることだと思います。

3 昔ながらの漬物

意外に若い人に人気

そして意外に人気が根強いのが粕漬けや、ラッキョウ、梅干し、タクアンなどの昔からある漬物です。

若い人には人気がないかと思っていたのですが、一度食べるとクセになる人もいます。それだけ今は本物が少ない時代なのかもしれません。タクアンといっても干さないで漬けたり、梅干しも調味液に漬けたりするものなどがずいぶん多くなりました。農家だからこそ昔ながらの本物の味を伝えていくことが大切ではないかと思っています。それがゆくゆくは農家自体を守ることになります。本物を知らないと価値は伝わりませんしね。

昔ながらの漬物教室は意外なくらい若い人に人気です。若い人のほうが今の食に危機感を感じているのかもしれません。そういったところにアピールするということも可能性があると思います。

そして昔ながらの漬物は、保存食の意味合いが強いので日持ちするというメリットがあります。浅漬けと古漬けを合わせることでレパートリーをコンスタントに保つこともできます。

寒干しタクアン

寒干しタクアンは、北陸では十一月終わり、または十二月初頭にダイコン

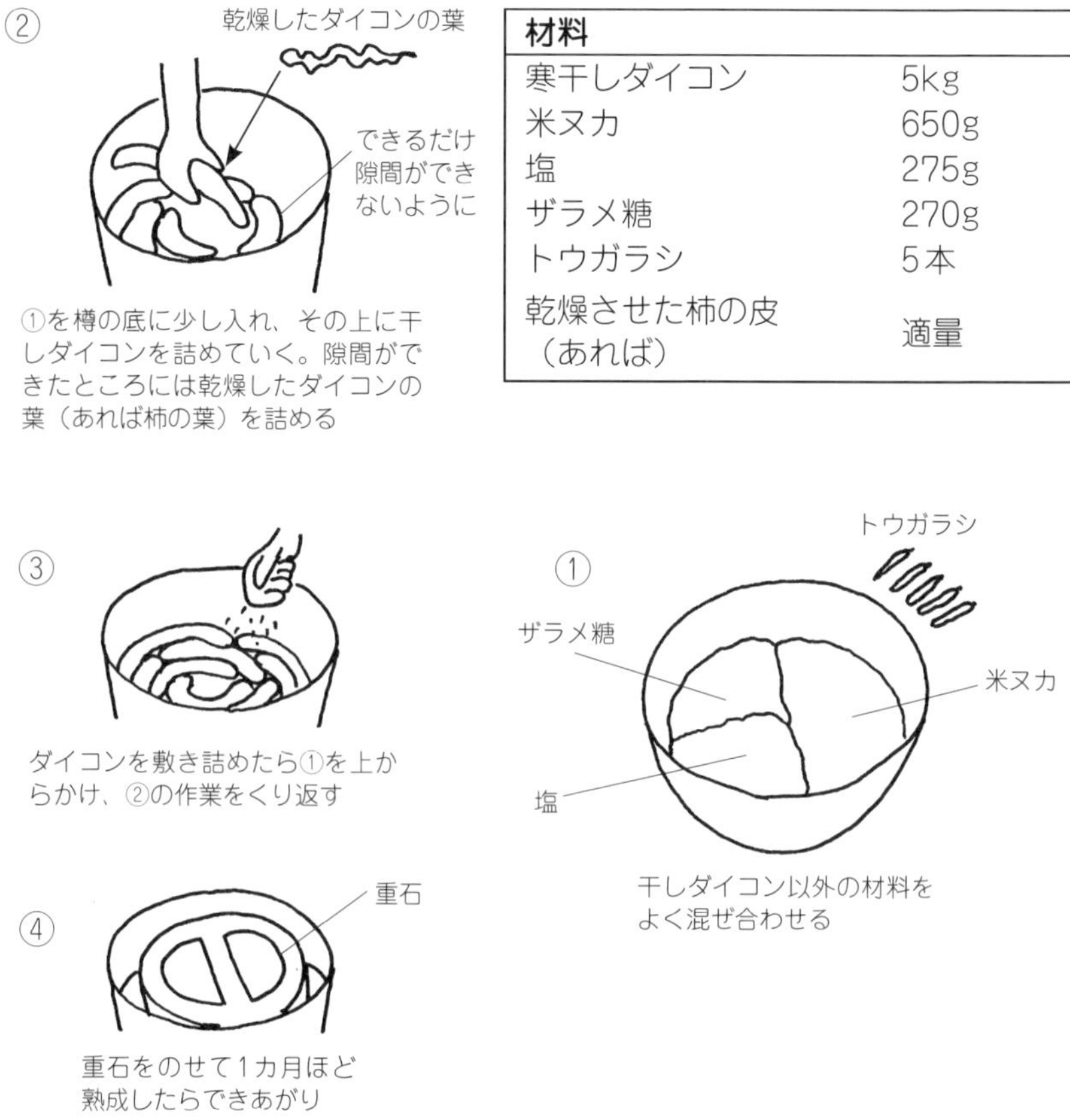
②
乾燥したダイコンの葉
できるだけ隙間ができないように
①を樽の底に少し入れ、その上に干しダイコンを詰めていく。隙間ができたところには乾燥したダイコンの葉（あれば柿の葉）を詰める
③
ダイコンを敷き詰めたら①を上からかけ、②の作業をくり返す
④
重石
重石をのせて1カ月ほど熟成したらできあがり
①
トウガラシ
ザラメ糖
米ヌカ
塩
干しダイコン以外の材料をよく混ぜ合わせる

材料	
寒干しダイコン	5kg
米ヌカ	650g
塩	275g
ザラメ糖	270g
トウガラシ	5本
乾燥させた柿の皮（あれば）	適量

図3－4　寒干しタクアンの作り方

を収穫して二週間ほど寒干しして作ります。霜が降りるとスが入ってしまうので、屋根があり風通しのよいところで干すようにします。あるいはコモなどで覆います。松前漬けには多少スの入ったものでも大丈夫ですが、タクアンだと歯ごたえにムラが出るので避けます。

一月に入ると寒くなりすぎるので寒干しするのは難しくなります。時期が大切です。寒干しダイコンはグッと曲げてみて抵抗がなければできあがり。形がいいものをタクアン（図3—4）にし、形が小さいものや不揃いのものは松前漬け（図3—5）にします。

小回りのきく少量販売

風来ではこれらの漬物を全国数カ所の自然食品宅配グループに出しています。こちらが提示した卸価格で出して

材料	
寒干しダイコンスライス	2kg
昆布	10cm
スルメイカ（ゲソは使わない）	1枚
数の子	500g
赤トウガラシ	1本
漬け液	
醤油300cc／酒200cc／みりん300cc／酢50cc／いしる（魚醤）30cc／ザラメ糖40g	

①

寒干しダイコンをスライスしておく。大きいものはイチョウ切りに。スライスしたものはカビが生えやすいので、1回に仕込む分ずつ袋に詰めて冷蔵保存。長期なら冷凍も可能

②

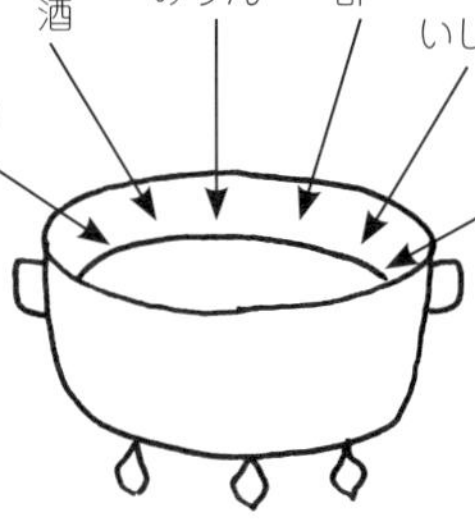

鍋に漬け液の材料を入れ、火にかけ、沸騰寸前で火を止める。加熱処理によって味の調和がとれるうえに長持ちする松前漬けができる。十分に冷ましてから使う

③

数の子を細かく切り、多めの水に浸し、塩を一つまみ。一晩おくとちょうどいい塩加減になる

④

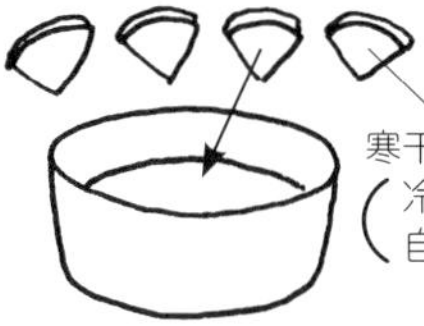

干したダイコンを80度の熱湯に30秒浸し、ザルにあけ、アクをとる。水をかけ、冷やしてから重石をして水を切る

⑤

棒状にスライスした昆布とスルメ、水切りした寒干しダイコン、数の子、赤トウガラシを容器に入れ、漬け液を加える。昆布の粘り気が出るまでよく混ぜる

⑥

冷蔵庫で５日間熟成させてできあがり。賞味期限は２週間ほど

図３－５　松前漬けの作り方

いますが、送料は別にいただきます。それぞれのグループによって規模は多少変わりますが、どこもそれほど大きくなく、毎回五〜八種類の漬物、合計して三〇袋ほどです。それでも風来にとってはちょうどいいぐらいです。

少ないところでは月二回・週三回、それぞれ二〇袋ほど出しているところもあるのですが、そこは九州で、当方からの送料が毎回一〇〇〇円を超えています。そのあたりは当方も心配になり、よく続けてくれるな〜と思うのですが、逆に卸しとなると普通は一種類につきダース単位となるようで、小回りがきくところが重宝されているようです。お客さんもこだわった人が多いので、そういったところとお付き合いするのもいいかもしれません。

4 ヨモギ団子とかきもち

漬物と比べて一気に売れる

風来の加工品は母から教わったものが多いのですが、漬物以外ではヨモギ団子、寒干しかきもち（以下、かきもち）といった和菓子も今や風来の人気商品になっています。ただこの二つは当初、親が作るのを手伝う程度でした。今は自分たちだけで作っています（ヨモギ団子は毎週水曜の早朝に、かきもちは年初めに家族総出で作る）。

この形になったのは二〇一二年、それまでの有機農業から無肥料栽培の炭素循環農法に切り替えたのがきっかけでした。炭素循環農法は作物の初期生長が遅いという特徴があります。切り替えた当初、いつもなら野菜セットを出せる時期に端境期となってしまい、出せない事態に陥り、お客さんに迷惑をかけてしまうことの申し訳なさもさることながら、売上げは激減。とにかく稼がなきゃということでヨモギ団子を作ることにしました。

ヨモギ団子やかきもちといった昔ながらの和菓子類は直売所でも人気で、漬物と比べて一気に売れます。

母の直伝レシピ

ヨモギ団子も、かきもちも手伝ってはいたし、母のレシピノートはあったものの、実際に作ってみるとわからないことだらけ。作り続けて初めて、レシピノートに書いてあることの意味が

材料	
ヨモギ	50g
上新粉（米粉）	120g
もち米粉	75g
砂糖	40g
きな粉	適量
熱湯	1カップ

①

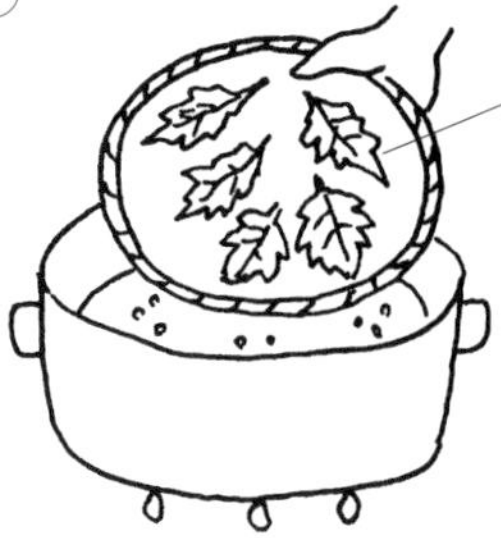
茎もOK

熱湯でヨモギを5分茹でる

②

茹でたヨモギを固くしぼる

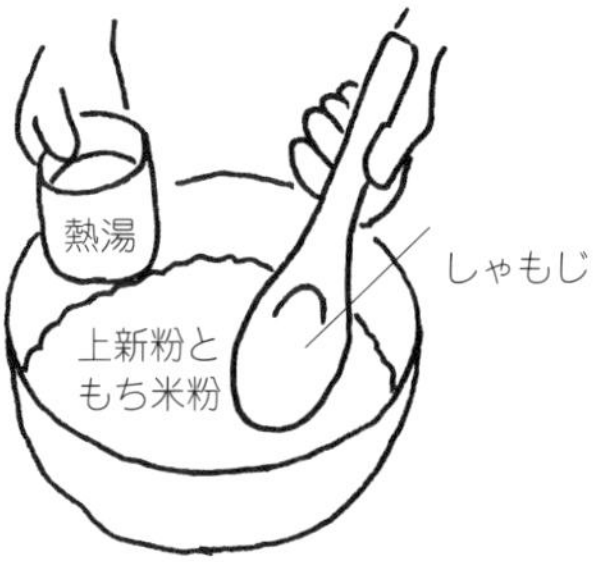
熱湯
上新粉と
もち米粉
しゃもじ

上新粉ともち米粉に熱湯を1カップ一気に入れて混ぜる。最初はしゃもじを使い、手が入れられるようになったら、耳たぶくらいの固さになるまでこねる

③

こね終わったらドーナツ形に形を整えて熱湯で20分茹でる

④

砂糖
ヨモギ

ヨモギと砂糖を混ぜておく

⑤

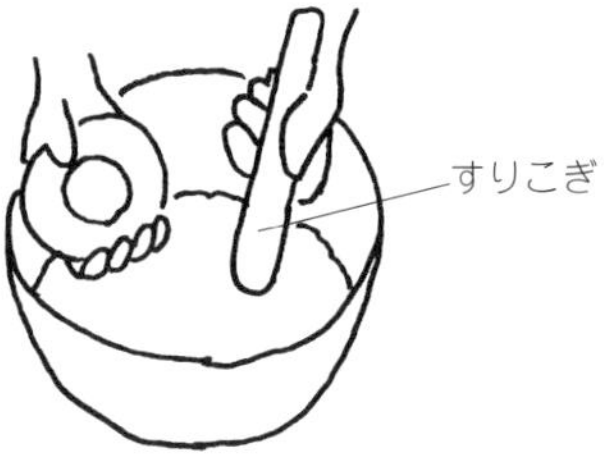
すりこぎ

茹で終わったら、ヨモギと混ぜる。最初は熱いのですりこぎを使い、手でまんべんなく混ぜる

⑥

10等分して形を整え、きな粉をつけたら完成

※ヨモギは赤くないもの、日陰がちなところのほうが柔らかくておいしい
※ヨモギは茹でて水を切ったら冷凍して保存しておくこともできる
※もち粉と上新粉を使っているので、作った翌日まで柔らかく食べられる

図3－6　ヨモギ団子の作り方

材料	
もち米	2升
砂糖（三温糖）	300g
炭酸（重曹）	大さじ1
塩	小さじ3
香り付けの副材料	
（洗いごま160g／青のり150g／カレー粉20g／ニンニク1カップ／大豆1カップ）	

①

砂糖と炭酸、塩、副材料をボウルに入れてよく混ぜておく

②
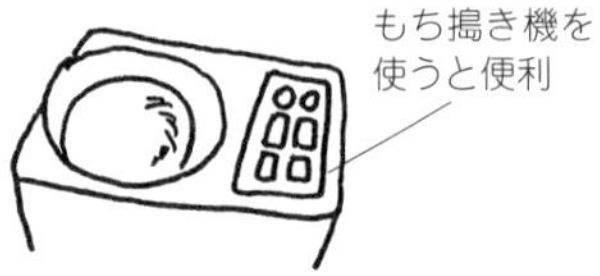

もち米（といで水に2日浸けておく）を蒸してまとまるまで搗く

③　もちに①を一気に入れて搗く

④
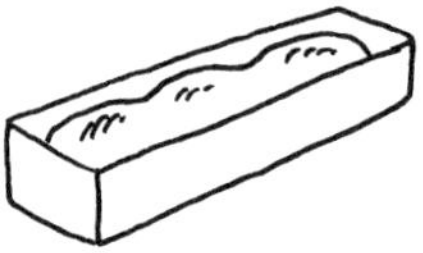

もちをとぼ（型）に入れて棒状にする

⑤

2～3日たって固くなってきたら包丁かもち切り機で3mmくらいに切る

⑥
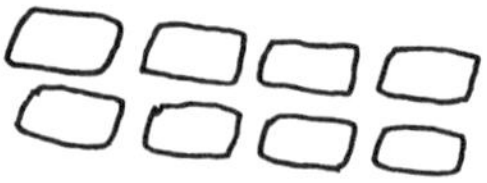

1カ月ほど干す。日が当たったり、風が当たりすぎると割れるので気をつける

⑦

170度の油で揚げる。途中一度裏返す。ふくらんできたらできあがり。オーブントースターなら軽く1分ほど焼く。レンジなら30秒

図3－7　かきもちの作り方

わかることも多々ありました。また、わからないことは母に直接聞けたのもよかったです。今思うとギリギリのタイミングだったかも。知恵を活かすには経験を重ねることが大切だと、あらためて思い知りました。

野菜がコンスタントにとれるようになった今でも団子は作り続けています（図3―6）。その時に同時にかきもちも妻が揚げます（図3―7）。

ヨモギ団子は一パック四個入りで三〇〇円にて販売、かきもちは五枚入りで五〇〇円にて販売。ヨモギ団子は一回の仕込みで二五パック、かきもちは二〇袋分、週に一度近所の直売所に持っていきます。毎回完売していて、こういった売上げも経営の安定化に一役買ってくれています。

5 加工に必要な機器

お金をかけないで始める

ただ実際加工するとなるとハードルが高いと感じてしまうのではないでしょうか？　これから百姓的農家をやろう、加工をやろうと思うものの、どこから手をつけていいのかわからない。じつは私もそうでした。加工して販売するのはどんな免許が必要で、またどんな機材が必要なのか、初期投資はいくらぐらいかかるか、などなど。

そんなこともあり、加工所のある農家さんに研修に行きました。そこで必要な機器、また業者を知ることができました。あとは、とにかくお金をかけないで起業するにはどうしたらいいのかを考えました。

私が購入した加工機器は以下のとおりです。

パソコンとプリンターを購入

当時（一九九九年）、最初に買ったのが、漬物の袋に貼るラベルを印刷するためのパソコンとプリンター。漬物のラベルというと印刷業者に頼むのが普通ですが、カラー印刷の場合は何万枚という単位で頼まないとならず、一枚当たり二〇円ぐらいになります。そこで自分で印刷することにしました。

当時出たばかりの耐水性のインクプリンターで宛名ラベルに印刷。パソコンは親戚の詳しい人に手伝ってもらった、というかほとんどお任せの手作りのもの。パソコンはあとにネット販売で大活躍することになります。

すぐに少しだけラベル印刷できる

パソコンとプリンターはその当時はまだ高く一五万円ほどかかりました。しかしシンプルなデザインでもラベルがあったほうが購買意欲をそそります。また、自分で作れば新たな商品を考えついたらすぐに少しだけ印刷できます。原材料表示のラベルも簡単に印刷できます。今でもこの方法ですが、不自由もなくできています。しかも一枚当たり四・五円という安さ。

今なら性能のいい中古のノートパソコンが三万円、プリンターも一万円以内で購入することができます。最近ではレーザーカラープリンターも以前の一〇分の一の価格で手に入ります（実勢価格一万五〇〇〇円くらい）。風来でもレーザーカラープリンターに切り替えましたが、耐水性もあり、速く印刷できて、仕上がりもまさにプロ級のものが手軽にできるようになりました（写真3―2）。

簡単に封ができる脱気シーラー

次に購入したのが、漬物の袋を真空密封する脱気シーラー一五万円（富士インパルス製）、そして二坪のウォークイン冷蔵庫七五万円、小型の氷温冷蔵庫五万円（中古）。ちなみに最後の最後に、農業機械である管理機（乗用でない耕耘機の小型版）も一〇万円で購入しました。ここまでで初期投資は一二〇万円です。

脱気シーラーは一つあるといろいろと使えます（写真3―3）。風来でもメインは漬物用ですが、トマトジュースや鍋用のタレ類にも活躍してくれています。簡単に封ができるので、いろいろなものを保存するのに大変重宝します。脱気シーラーも今は低価格のものが出ているようです。

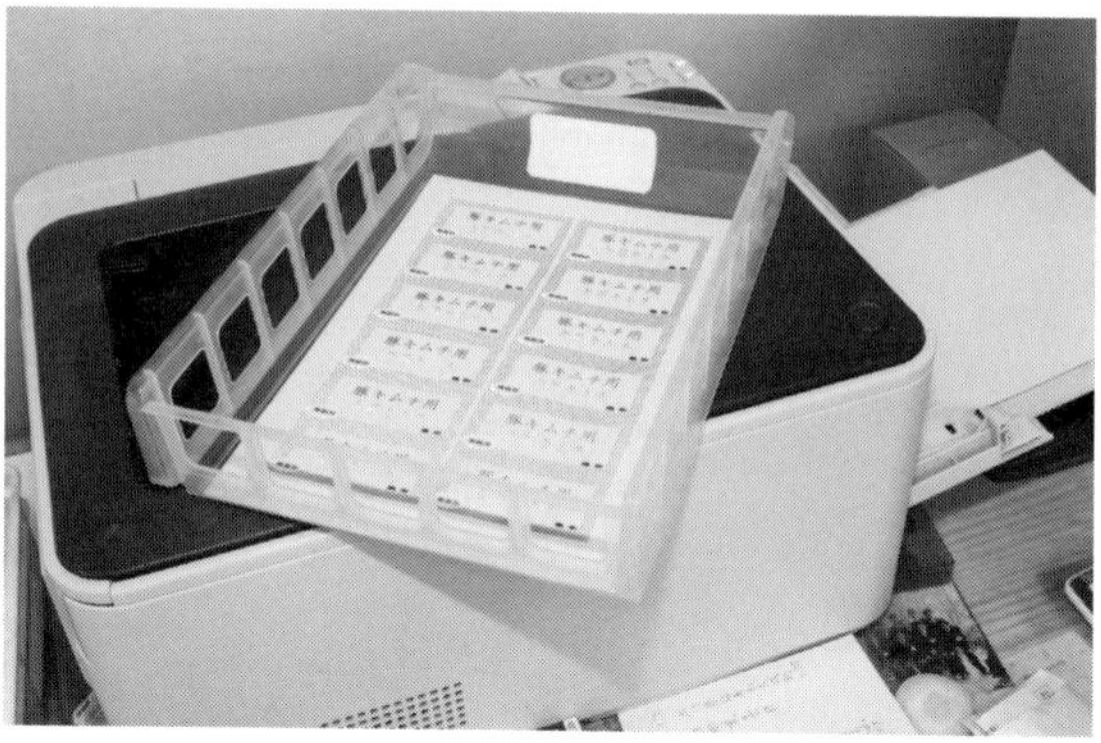
写真3－2　ラベルとレーザーカラープリンター＊

二坪冷蔵庫と氷温冷蔵庫

大型のウォークイン冷蔵庫も屋外用のものだと一五〇万円ぐらいするので、屋内用のものを屋外に設置し、まわりをトタン板で囲みました（冷蔵庫

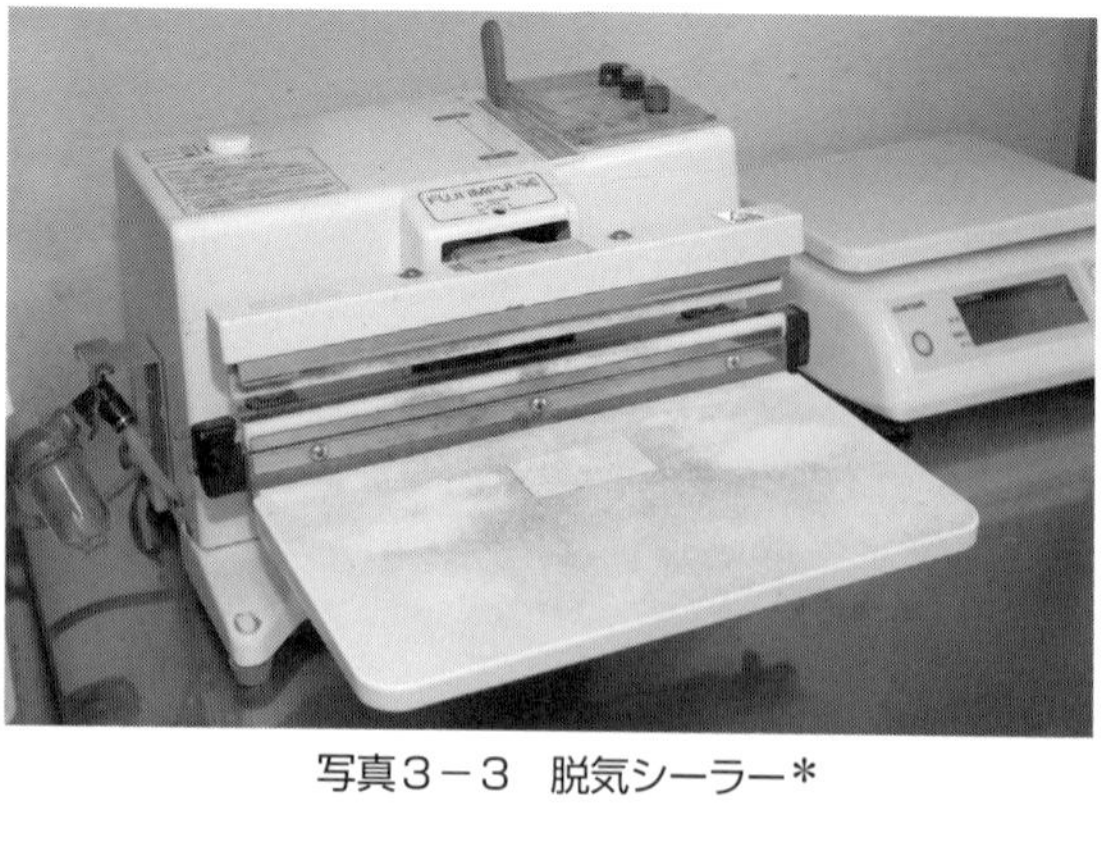
写真3－3　脱気シーラー＊

七〇万円、周囲の囲い五万円）。

氷温冷蔵庫は温度も二〇度からマイナス二〇度まで調整でき、完成した商品を保存するのに使っています。ウォークイン冷蔵庫は収穫した野菜などの保存にも活躍してくれています。

冷蔵庫は故障することはあまりないからこそ、最初多少高くても消費電力の小さいものを買うことをすすめます。なにせ一度スイッチを入れると二四時間三六五日ほぼ動き続けるのですから。

加工所は車庫を改造

加工所は実家の車庫を利用しました（現在は自宅内に移動）。保健所に相談して、天井を張り、蛍光灯を設置して、廃業した近所の料理教室のテーブル（ガス台とシンクがついているもの）を設置してできあがり。改造費はしめて五万円。これに漬物樽や重石、鍬や鎌など農機具が一五万円。結局、風来の起業にかかったのは総計一四〇万円ぐらいでした。

保健所に相談に行くとなると腰が重くなる人もいますが、気軽にしかもタダで相談にのってくれるので、どんどん相談したほうがいいと思います。

支援を受けるなら返す気概を

途中でも書きましたが、今はネットショップやネットオークションもあり、パソコンや冷蔵庫は安くなっています。同じようなものを揃えても総額一〇〇万円でおつりがくるのではないかと思います。

農業の場合は作物が育つまで、また技術が身につくまで、そして販売先が安定するなど軌道に乗るまで時間がかかるので、その間の生活費がいちばんかかるのかもしれません。

私の場合は最初、実家生活ということと前職の蓄えもあり、借金せずに独立できました。実感として借金のない起業ほど強いものはありません。何しろ気楽です。気楽というのは経営的にもですが、借り先との人間関係がないという点でも自由にできます。

日本の農業の場合、農業支援資金は条件次第で充実していますが、なかなか自分の思いどおりに使えません。また忘れてはいけないのは、その支援金は税金から出ているということです。タダほど高いものはないといいますが、支援を受けたなら将来、納税などで社会に還元するぐらいの気概がないと、真の独立農家とはいえないと思います。

6……必要な免許

それぞれの免許に場所が必要

農産加工品を販売しようと思った時に悩むのが「どんな免許が必要なのだろうか?」ということではないでしょうか? 現在日本で食品を販売する時に必要な免許は図3―8のように区分されています。こう見ていくと、やはり乳製品、食肉は細かく多岐にわたっていますね。

これらは基本的に「場所」が許可を取るという形になります。つまりそれぞれの免許には、それぞれの場を用意する必要があります。そして「人」が必要なのは「食品衛生責任者」という資格です。普通は保健所の中にある食品衛生協会が管理しているので、保健所に問い合わせるといいでしょう。一日講習を受けると取れる資格です（調理師免許を持っている者は必要ありません）。

菓子と惣菜の免許を取得

風来では菓子製造、惣菜製造の免許、そして漬物製造の申請をしています。漬物は都道府県ごとに違っていて、届け出だけでいいところもあれば、免許が必要なところもあります。石川県では申請だけですみます。ちなみに食品を販売せず、作り方を教える教室であれば何の許可もいりません。

先述したとおり、それぞれの免許は場に与えられるということで、それぞれの水場（シンク）が必要になります。

ちなみに菓子製造免許の基準は以下のようになります。

・住居との兼用ではないこと
・内壁（床面より一m）及び床面は、不浸透性材料で作られていること（防水加工されている）
・専用のシンクを設置すること。
・シンクとは別に手洗い設備を設置すること。
・食器棚には扉と背板が付いていること、などです。

施設基準は免許の種類や都道府県、各保健所によって違います。大まかなことを知ったうえで各地の保健所に相談するのがいちばんの近道かと思います。

菓子免許でヨモギ団子など

菓子製造免許は母の得意としていたヨモギ団子とかきもちを販売するために取ったのですが、今は妻が焼くシフォンケーキ、お菓子を販売するのに活用しています。妻はもともとお菓子作りが好きだったのですが、商品にしたらどうだろうということであちこちへ勉強に行って販売スタートしました。今では風来の主力の一つとなっています。これも菓子製造免許がせっかくあるなら、ということで始めることができました。

また惣菜免許もいろいろと応用ができます。漬物に加工しきれないものでも、きんぴらごぼうなど熱を通すことで売れればレパートリーは格段に広がります。

極端な例として以前、風来でヤギを飼っていたことがありました。ヤギ乳を直接販売するには集乳業、そして乳類販売業の免許がいりますが、自家製ヤギ乳を原料に風来の野菜を活用し、ヤギ乳ポタージュ（カボチャベースとジャガイモベース）を販売するには惣菜免許で大丈夫です。そんなに数が生産できたわけではありませんが、物珍しさに買っていく人も多かったです。

加工技術は習うより慣れろ

加工するには設備、免許も必要ですが、何より大切なのが加工技術です。

これから起農しようと思っている人は、最初から加工を視野に入れた作物の栽培、そしてその加工技術を、農業を本格的にスタートする前に磨いたほうが後でラクになります。走り出してからだと、なかなかまとまった時間がとれません。農業をスタートしている人は、農閑期の間に集中するのがいいかもしれません。

加工技術を習得するには、作りたいと思っているものをすでに作っている店で働いたりして習うのがいちばん手っ取り早いでしょう。しかし農産加工品の場合、昔ながらの家庭の味というジャンルは、習うより慣れろというところも多々あります。

以前、とあるテレビ番組で一般視聴者にジャグリング（複数の物を空中に投げては取るをくり返す大道芸）などの宿題を与え、一週間後にテストして成功したら賞金が出るというものがありました。それを見ていて、人は集中すると何でもできるようになるのだと思いました。極端にいえばどんなものでもいいんです。例えばキムチだったら一週間、毎日休まずに一日三回、毎回工夫して漬けて、一日中キムチのことを考えていたら、売り物になるくら

・飲食店営業／喫茶店営業
・菓子製造業／あん類製造業
・アイスクリーム類製造業／乳処理業
特別牛乳搾取処理業／乳製品製造業／乳類販売業
・食肉処理業／食肉販売業／食肉製品製造業
・魚介類販売業／魚介類せり売営業
・魚肉ねり製品製造業
・食品の冷凍又は冷蔵業／食品の放射線照射業
・清涼飲料水製造業／乳酸菌飲料製造業
・氷雪製造業／氷雪販売業
・食品油脂製造業／マーガリン又はショートニング製造業
・みそ製造業／醤油製造業
・ソース類製造業／酒類製造業
・豆腐製造業／納豆製造業
・めん類製造業
・そうざい製造業
・缶詰又は瓶詰食品製造業
・添加物製造業

図3－8　食品の加工・販売に必要な免許

いのものはできます。

ただここで商品とする時に大事なのは安定性です。おいしいと思うものはできても、毎回同じ味を出さないとプロとはいえません。お客さんとは一期一会ですし、また二回目に買ったものが一回目と違う味だったらリピーターにはなってくれません。そんな安定性も作り続けることで出てきます。続けることで他の人にはできない「絶対差」（83ページ）にもなってきます。

無限に可能性が広がる

加工するには設備が必要ですし、何をどのくらい作るかを事前に熟慮する必要がありますが、加工を取り入れることで可能性が無限に広がります。そして小さい加工だからこそ小回りがききます。

わが町は山手のほうが昔からユズの産地でした。そんなユズを何とかしたいということで思いついたのがユズポン醤油。ユズの搾り汁にこだわり醤油を合わせました。それをパック詰めにして販売、また地域の肉と風来の野菜を合わせて地域の鍋セットなどもできました。

現在、風来では私が畑と野菜セット担当、妻が漬物、お菓子、加工品と役割分担しています。一緒にやることで効率がいいこともありますが、分担することでそれぞれのペースでできますし、何より責任感が出てやる気にもつながっています。加工を取り入れることは経営的な利点だけでなく、天候のリスク分散、人的時間の分散など、うまく使えばとても大きな武器になってくれます。

第4章

売り方

——個人を出して売る

1 引き売りで学んだ売り方

スタートはキムチの自力販売

わが風来は、ハクサイキムチのために野菜を育てることからスタートしました。ですから最初の商品はもちろんキムチ（図4—1）。

起農した一九九九年当時は今のような大型直売所はなく、販売もゼロからのスタート。まずは研修時代にできたネットワークで農家直営の小さい直売所に置かせてもらいました。なかには冷蔵庫持ち込み（酒屋さんからミニ冷蔵庫を分けてもらったもの）というところもありました。あとは毎週日曜日の朝市、ツテを頼ったイベントへの出店など。朝市に出たあと、別のイベントなどへと、一日に二回出店という日もしばしばありました。

今思うと、よくあんなことがやれたなと思いますが、おかげで随分鍛えられたし、今やっていられるのはその時の経験があるからこそです。

図4－1　スタートは引き売りだった

販売能力があれば小さくてもやっていける

私は、農地・農業技術・資金・販売能力のうち二つ以上頭が抜けていれば独立農家になれると思っています。農業技術のなかには加工の技術も含まれます。

農地が広くて技術があれば市場出荷でやっていけるでしょうし、農地と資金があれば展開もいろいろ考えられますし、生活資金がある程度あれば、その間に技術向上を目指せます。ただ農地も農業技術も農業機械もあるのに普通にやっていたら大変というのが今の農業。これから農家を目指すものにとって、また小さい農業において欠かせないのが販売能力です。風来を自己分析してみると、母から受け継いだ加工技術、そして販売能力があったから農地が小さくてもやってこられたのだと思います。

「これまで販売をしたことがないから、販売能力なんてない」と不安になる人もいるかもしれませんが大丈夫。農家になる時に（なってからも）磨けばいいのです。

引き売りができれば怖いものなし

就農者を増やそうと各都道府県の新規就農支援センターも手厚くやってくれています。ただカリキュラムをみると、販売視点が欠けているのではないかと思い、支援センターの方々に会うたびにこう言っています。

「お米、野菜、果樹、花卉などの育て方や農業簿記を教えるのももちろん大切ですが、これからの農家には販売能力が必要不可欠。すでにやっている人の縄張りを荒らさないよう調整したうえで、軽トラを引き売りカーと名付け、農業試験場で栽培している野菜を団地などに売りに行かせては？　引き売りができれば、どんなものを栽培しようとも農家になれることを保証します」

引き売りとは、移動しながら呼び込みをして売るということです。固定客ではないので、常に人を惹きつけなければ物は売れません。

今もリアカーに野菜などを載せて売り歩くというスタイルが各地にあります（京都では振り売りといってそれだけで食べている農家がかなりいます）。

今は大型直売所が各地にあり、ずいぶん販売するハードルも下がりました。直売所に出すのももちろんいいのですが、引き売りをやってみることは将来的にもとても役に立ちます。

「人がいる」だけでは売れない

私自身、起農当初は近所の住宅街によく引き売りに行きました。そして実際に引き売りをして学べることがたくさんありました。

最初は闇雲に人がいるところへ持っていったのですが、それだけではまったく売れませんでした。それから自分の商品の特性を考えて、わが子に安全なものを食べさせたいと願っているお母さん目がけて、保育園の終了時間に持っていったりしました。そんな工夫を重ねることで少しずつ常連が増えていきました。この時のお客さんで今でも買ってくれている人がいます。

また、引き売りはお客さんの声がダイレクトに聞けるので、野菜や商品の出し方の工夫にもつながりました。プレゼン能力や効果のあるポップの書き方を磨く場としても、とても役立ちました。

普段使いもできる軽ワゴンで

では実際に引き売りするにはどうしたらいいのでしょう。引き売りは特にルールもないのでそれぞれのスタイルでやればいいと思うのですが、私自身引き売りやいろいろな催事に参加してきたなかで、スタイルができあがってきました（図4－2）。

引き売りにまず必要なのは車。農家といえば軽トラでしょうか？　じつは風来は農家であるにもかかわらず軽トラを持っていません。代わりに軽ワゴンを農業用として使っています。

当初軽トラを買って幌をつけようとしたのですが、意外と幌は値段が高く、

図4－2　引き売りに必要なもの

それならばと軽ワゴンにしました。今はこの選択をしてよかったと思っています。現在、かなり安価な幌も販売していますが、設置に気をつけなければなりません。溶接ではなく簡易設置型だととても不安定。風などで飛んでしまう場合もあり、積み荷が落下したりすれば罰せられる可能性もあるので、そういったものを取り付ける時には万が一の際のことも考え、しっかりと荷台に固定しておきましょう。

軽ワゴンなら、後ろのシートを起こせば子どもを乗せるなどの普段使いもできます。わが家で所有している車は二台で、一台はミニバン、もう一台がこの軽ワゴン。小さい農家にとって農作業専用の軽トラを持つのは負担が大きいので、こういった考え方もあっていいのではないでしょうか。将来的には電気自動車タイプの軽ワゴンにしたいと思っています。

テーブルとパティオタープで演出

次に必要なのがテーブル。風来では引き売りやイベント用に足が折りたためる長テーブルを三つ用意していますが（七五㎝×一八〇㎝）。少し味気ないですが、テーブルカバーをかけたり、ミニすだれをテーブルカバー代わりにしたりしています。すだれのナチュラルな感じが農産物ととても相性がいいです。

あると便利なのがパティオタープ。タープはいろいろなサイズがありますが、日陰を作るのが目的なので、三〇〇㎝×三〇〇㎝はあると便利です。これがあると一気に店らしくなります。農産物や漬物販売、またお菓子にとって大敵なのが直射日光。野菜が乾いたり、漬物に日が当たったりするとおいしく感じません。

影は太陽の角度によって変わるので、タープは大きなほうがいいです。昔はタープも高かったので最初の頃はビーチパラソルで影を作っていましたが、早めにタープを買っておけばよかったとつくづく思いました。

鍛えられたポップの書き方

そして引き売りで鍛えられたのがポップの書き方です。

最初の頃は写真を入れたり、こだわりや説明をいろいろ入れたりしましたが、今はパソコンで製作して簡単にプリントアウトできるので（図4―3）、シンプルな形にしました（図4―4）。こちらのほうが目をひくようです。

販売するものによって違うのですが、野菜やお袋の味的なものを販売する時は、シャレたきれいなものより段ボー

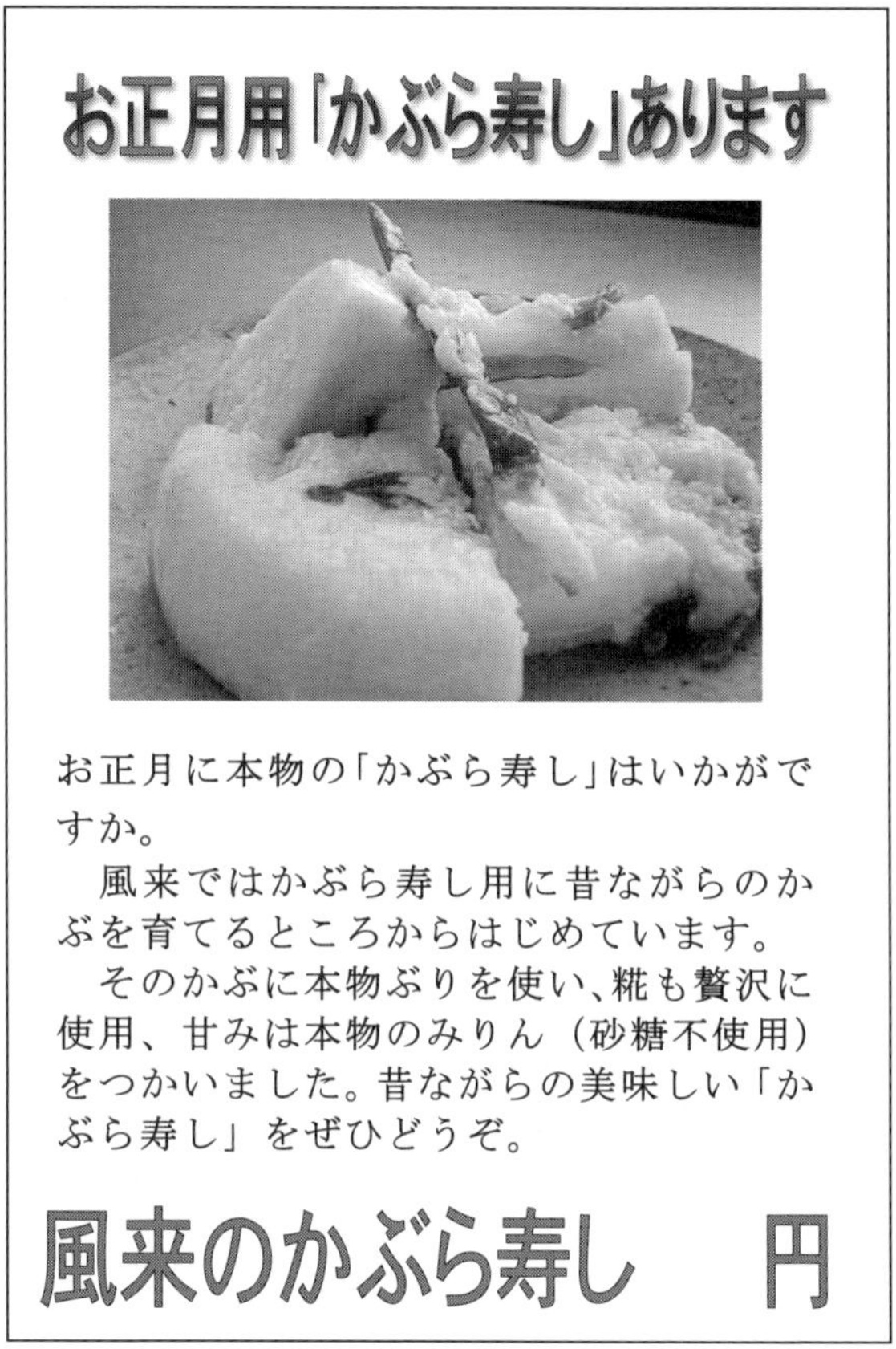
お正月用「かぶら寿し」あります
お正月に本物の「かぶら寿し」はいかがですか。

風来ではかぶら寿し用に昔ながらのかぶを育てるところからはじめています。

そのかぶに本物ぶりを使い、糀も贅沢に使用、甘みは本物のみりん（砂糖不使用）をつかいました。昔ながらの美味しい「かぶら寿し」をぜひどうぞ。

風来のかぶら寿し　円

図４－３　最初の頃のポップ

源さんお薦め
自家製かぶ・本物ぶり使用
こだわりのかぶら寿し
特大サイズでこの価格！
かぶら寿し
580円

図４－４　今のポップ

ルでなぐり書きのようなもののほうが素朴でよかったりもします。

連絡先を書いた名刺かパンフも必要です。パンフだと捨てられる可能性も大きく、名刺のほうは後々まで持ってもらえることも多いです。農家で名刺を持たない人は多いですが、小さい農家はぜひ持っていたいものです。直接つながるツールでもあります。最近はフェイスブックなどSNSでつながりやすくなりましたので、そのあたりも検索してもらいやすくするために個人名を入れておきましょう（SNSについては後述）。

代名詞になるような目玉商品を

農家直送だから新鮮でおいしいのはもちろん売りですが、総花的では全体がぼやけてしまいます。その日だけでもいいですし、何か一つ目玉商品があると、そのついでにいろいろと買ってくれます。目玉商品というのは安売りするということではありません。代名詞的なものがあると覚えてもらいやすくもなります。

風来の場合の目玉商品はキムチ、そして催事の時はヨモギ団子でした。

そして直売で鍛えられるのが値段の付け方。安くするのはいちばん安易な方法です。できるだけ安さに頼らないようにしておくと、売れだした時に自信が持てます（風来の漬物の値段は47ページ表3―1）。引き売りや催事で販売して収入を得ること自体とても大切ですが、最初の頃は先につながる勉強ととらえると、いろいろとチャレンジしてみようという気になります。

リスクが少なくて効果が大きい

考えてみると、引き売りは最強の販売方法ではないかと思います。お客さんが来るのを待つのではなく、お客さんがいるところに商品を持っていく。店を持つ必要もなく、店舗をかまえるより費用もかかりません。また時間も融通がききます。よく屋台から始めたラーメン屋は強いなんていいますが、農家もそうかもしれません。リスクが少なくて効果が大きいのが引き売り。最初は勇気がいりますが、ダメだったらやめればいいだけですから。

今、風来はネット販売が中心となっていますが、引き売り時代に学んだことがネットでも大変役立っており、引き売りの延長だと位置付けています。そしてもし何かがあっても引き売りに戻ればいいと思える。そのことが大きな勇気になっています。引き売りをすることは、農家としての自信の底上げにつながると実感しています。

引き売り視点の直売所の売り方

そんなふうに引き売りの視点で考えると、直売所で販売するにしても考え方が変わってきます。他の農家を見るのではなくお客様を見る。直売所の軒先を借りているつもりでどんどん個性を出していく。いろいろ実験的なことをやってみるのもいいかもしれません。

直売所によっては個々のPOPや独自シール禁止というところもあるようですが、直売場にとってもたいへんもったいないと思います。工業製品と違って同じトマトでも、Aさんが育てたものとBさんが育てたものはまったく違います。個人個人の想いこそ農産物の強さだと思いますし、その人のある野菜が気に入ったらその人の他の野菜も選んでくれます。

いちばんいけないのは安売り合戦になること。直売所にしても売上げに按分して手数料が入るわけですから、そのあたりの共通認識は必要だと思います。

そしてスーパーにできなくて直売所にできることの一つに多己紹介があります。自分の野菜、販売品のＰＯＰも大切ですが、自分が育てていない野菜で知り合いが出していたら、その知り合いのものをアピールしてあげる。「うちの野菜もおいしいけど、Ａさんの○○は絶品です」といった感じです。口コミ効果にもなりますし、直売所ならではの有機的なにぎやかさにもなるのではないでしょうか。

2……直売という販路を持つこと

こういった感じで直売しているもの同士がお互いのものを扱うことで、商品アイテムを増やすことが可能です。知り合いであれば、その商品を心から紹介することができます。

品揃えを増やせる

直売は、直接お客さんとつながることで贈り物などまとまった注文が入ったりとチャンスが広がります。

また販売品を増やすこともできます。風来では以前から農家仲間や懇意にしている人の米や、小麦粉、麦茶、醤油などを販売していました。そして二〇〇七年から調味料を中心に無添加加工品のアイテムを大幅に増やしました。仕入れ販売なのでそれほど利幅はありませんが（二～三割）、野菜セットのついでに買ってもらえるので利益はアップします。

実験販売もできる

また実験販売という側面もあります。例えば味噌。風来でかつて取り扱っていた味噌は八〇〇g九四五円（税込み価格）。味噌としては少し高く、自分が造ったとしたらこの値段で売れないかなと思ったのですが、仕入れ価格が決まっているのでこの値段で売るしかありません。実際に売ってみたところ年間二〇〇パック売れました。ということは同じ品質のものを造れば二〇〇パック売れるということです。仕入れは利益率三割ですが、製造販売すると利益率七割になるので、そこに大きなチャンスが生まれてきます（今では実際に味噌は自家製造）。

売れることがわかっていれば安心して造ることもできます。原材料も農家仲間のネットワークを使えば、よりこだわりのものができるでしょう。直売という販路を持つことは、百姓力を最大限に引き出せるということでもあります

3 単品よりセットで売る

野菜の単品は安い

農家になってつくづく思ったのは「野菜の単品は安い」ということ。一袋一〇〇円、二〇〇円の世界。そこで試行錯誤のうえ、現在風来での野菜は、ほとんどが予約の野菜セット販売です（図4―5）。セットとして野菜の種類、量は必要ですが、こちらにお任せにしてありますので、畑の様子を見てセットを組むことができます。

こうすることで野菜を畑に置いておけるので新鮮さが保てるうえにロスがありません。また一セット二〇〇〇円（税抜き）からなので、まとまっ

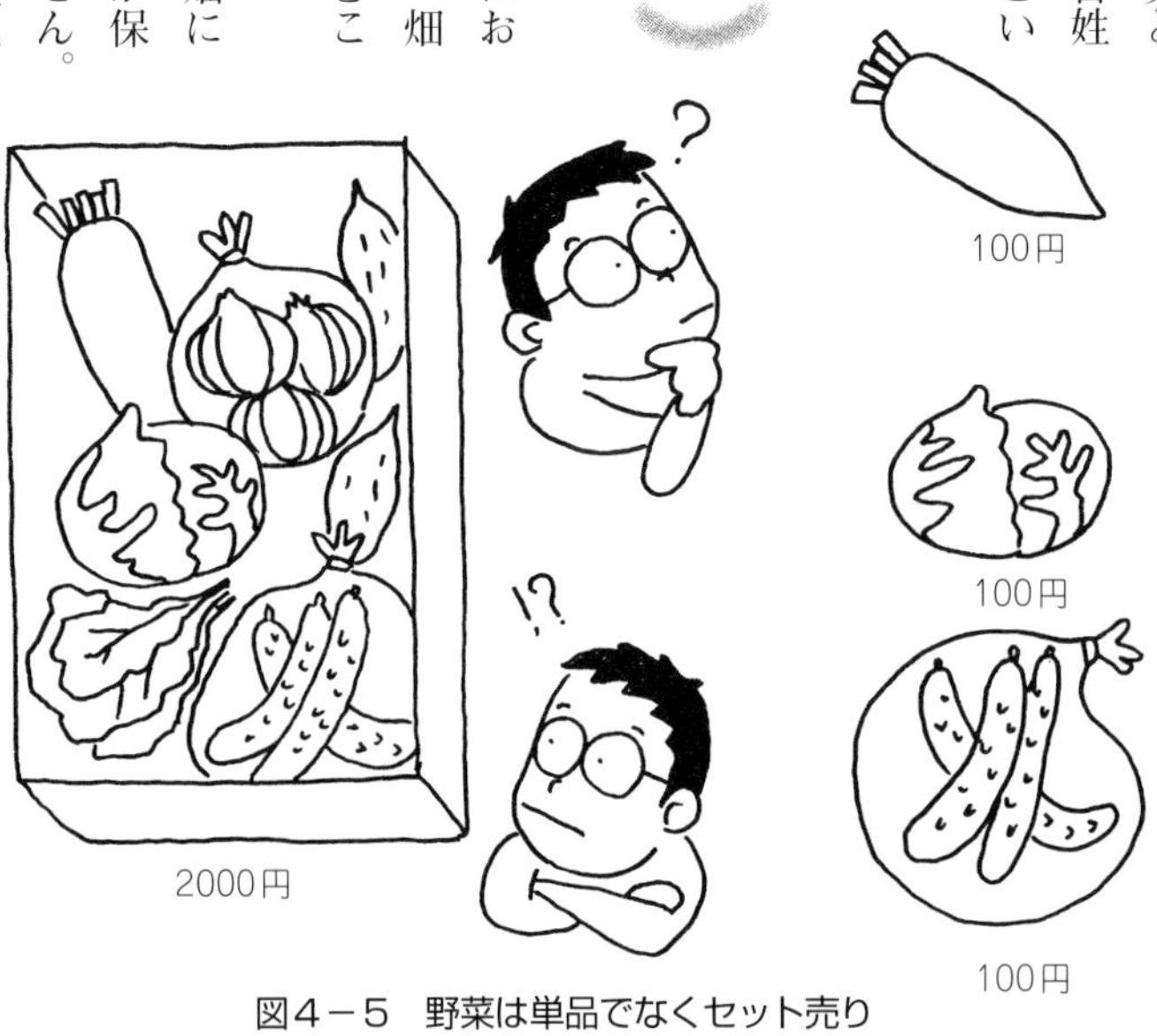
?
100円
100円
!?
2000円
100円

図4－5　野菜は単品でなくセット売り

た売上げが確保できます。

その結果、野菜のムダがほとんどありません。また見た目が多少悪くても、その分、量を入れることでお客さんには喜んでもらえて、こちらも助かります。

ダイコンを三本も入れてはダメ

ただ、第2章でも書いたように「野菜を育てる能力と野菜セットを作る能力は違う」ということ。

どんなに豊作であったとしても、一セットに大きなダイコンが三本も入っていたら、どう使っていいのかわかりません。農家としてはおまけのつもりでも、受け取る側はこれも料金のなかに入っていると思います。どんな野菜がどれだけ入っていると料理しやすいか、食べ方や野菜の組み合わせ方も含めて、農家の都合ではなく、食べる人の立場に立ってセットをどう作る（提案する）か、そのバランスがとても必要になってきます。

また変わった野菜、見た目の悪い野菜が入る時や食べ方には説明が必要です。これができるのも直接つながっているからこそ可能なのです。

冬場には鍋セット

風来で冬場にヒットしている商品が鍋セットです（写真4―1、写真4―2）。

もともとは発酵が進んで酸っぱくなったキムチをどうしたらいいかと考えてできました。発酵が進んだキムチは熱を通すと酸味が旨味に変わります。そこで風来のキムチと野菜、近所の養豚農家のこだわり豚肉、地元ダイズから作られた豆腐、原木シイタケ、それに自家製味噌などをセットにして「こだわりのキムチ鍋セット」として売り出したところ大好評を得ました。

お客さんは鍋さえ用意すれば食べられるという形にしています。一セット四人前三五〇〇円（税抜き）と、それぞれを単品で買うより高くつくのですが、自宅用に、そして贈答としても使っていただいています。変わったところでは、ゴルフ場の景品会社で使ってもらっています。こういった形で使ってもらえるのも、単品でなくセットで提案だからこそ。

この話を近所で養鶏と米をやっている農家にしたところ、その人は「究極の卵かけご飯セット」ということで、三合パックの米と卵、卵かけご飯用醤油をセットにして売り出し、それもヒット商品になっていると言っていました。

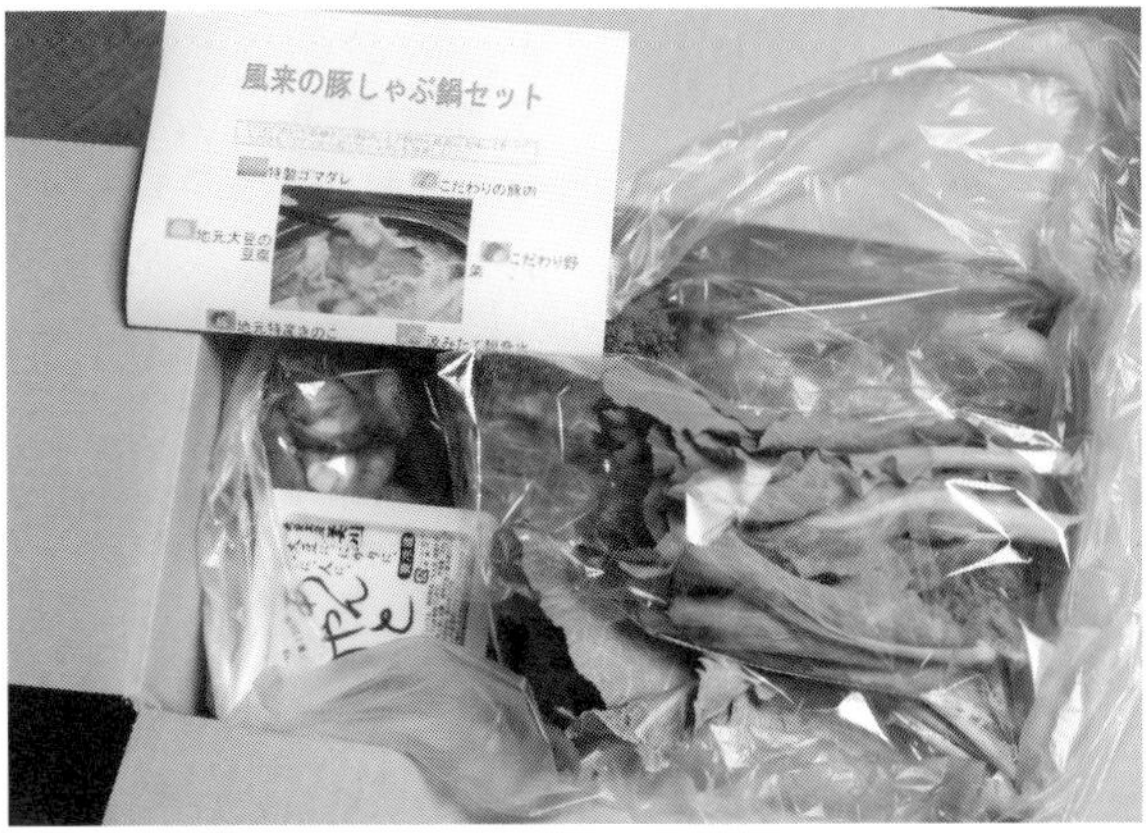

写真４－１　豚しゃぶ鍋セット
3500円＊

写真４－２　豚しゃぶ鍋セットの中身。冷蔵庫で保管してあるハクサイ、シュンギク、カラシナの菜の花、ブロッコリー、ニンジン、ネギ、近所の養豚農家のこだわり豚肉、手作りゴマだれ、自家製味噌、地元ダイズの豆腐、汲みたて観音水＊

地域にしかないセットを売る

その地域にあるものをセットにする。しかし地域にあるものなら何でもいいわけでなく、テーマをもってセットにする。例えば、米と野菜と味噌と卵をセットにした「究極の朝ごはんセット」とか、その地域の「特産品セット」など、いろいろ考えることができ、まさにその地域にしかない付加価値になります。

セットで売るという考え方は直売所でもできるのではないでしょうか。そしてセットが大きいものは贈答で使ってもらえるし、贈り物の場合まとまった数の注文が入ります。

何かその地域の特徴のあるものを贈りたいという人たちはたくさんいると思うのですが、「農産物そのままだと贈りにくい」と、ビールやハムなど無難なものにしている人も多くいるのではないでしょうか？

まずはお中元、お歳暮から

通年の直売は最初からはちょっと、と思っているなら、例えばお中元、お歳暮の時期だけでも仲間で手を組んで贈答用セットを作り、販売してみるというのはどうでしょう。

ホームページでの販売のみならず、ゆうパックのカタログに載せてみたりするのもいいと思います。また地域特産となれば地域の公共広報誌に載せてもらうことも可能ではないでしょうか。やってみて、それがうまくいったら直売の時期を延ばしたりアイテムを増やしたりする、というのも無理のないやり方かもしれません。

何より野菜セット、鍋セットなど顔となる目玉商品があると、ほかのものも買ってもらいやすくなります。単価を上げるのにセットはとても有効です。

小さく始めれば、やり直しもきく

販売サイズを変えたり、セットにしたり、実際にやっているものを見るとなるほどと思うと同時に、「これなら誰でも思いつく」と思われる事例もあったかと思います。でもそれこそコロンブスの卵。「アイデアの賞味期限は短い」という言葉があります。

思いついた時は「とても素敵だ！」と思っても、一日、二日とたつうちに「こんなアイデアなら誰でも出せるよな」とか「初期費用かかるかも」「実際賛同してくれる人少ないかも」と、どんどん色あせて思えてきて、またリスクを考えると動けなくなる。そんなことがこれまでにありませんでしたか。

人は本来保守的なもの。一から一〇にするのはできても、ゼロから一にするには勇気がいります。成功している人はすべからく実行している人だけです。

そしてそんな時こそミニマム主義。最初から大きくやろうと思わなければ、その一歩は気軽に踏み出せます。小さくフットワーク軽くやれば、無理だった時にやり直しがききます。風来でもいろいろやって失敗してきました。例えば、地元特産のユズ（果実）とクエン酸、重曹をセットにした究極のユズ湯セットなるものを販売したのですが、個人客には泣かず飛ばず。でも、とある会社の目にとまり、景品として採用してもらったことがあります（その後商品化はしていません）。

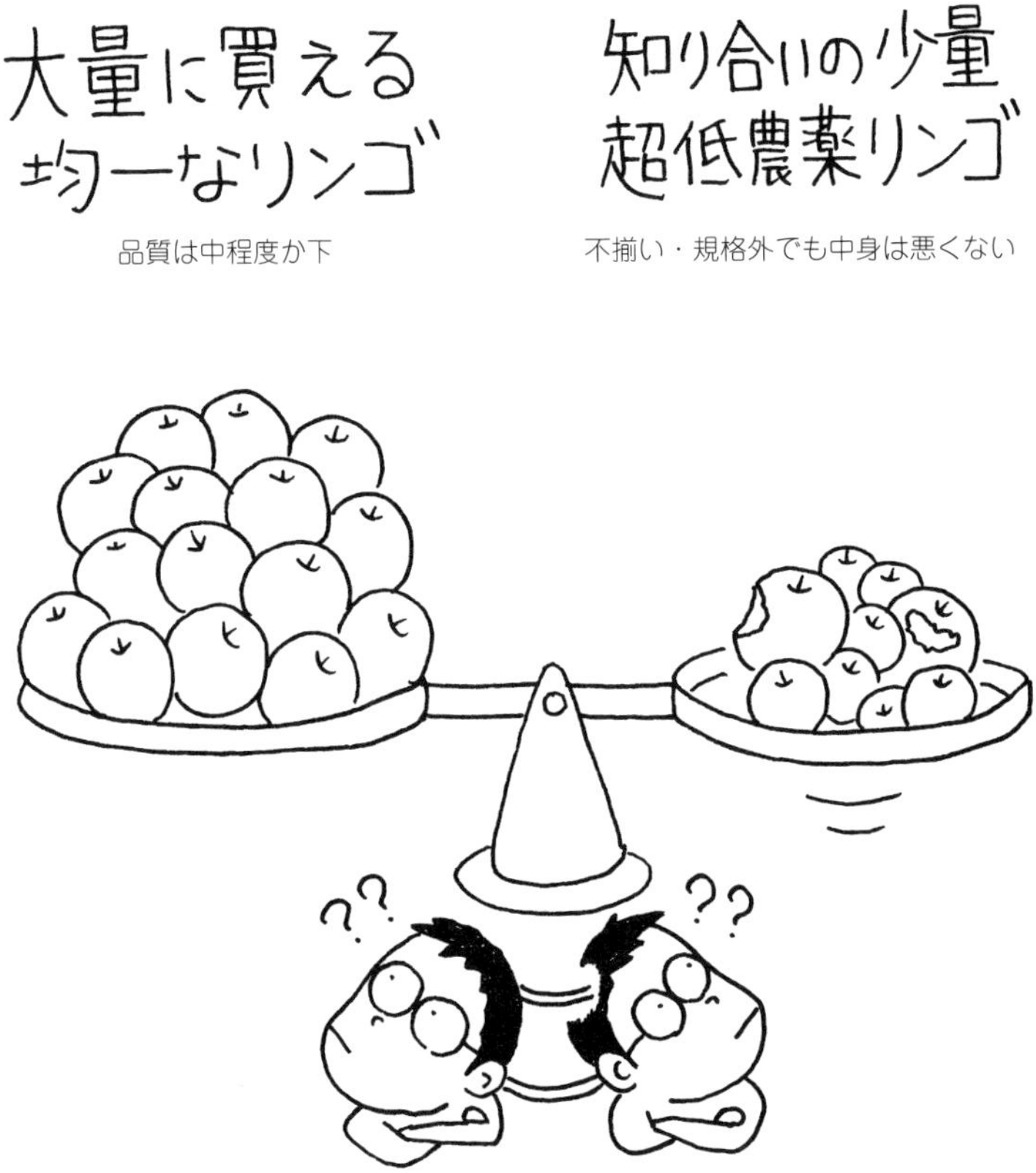
大量に買える
均一なリンゴ
品質は中程度か下
知り合いの少量
超低農薬リンゴ
不揃い・規格外でも中身は悪くない
??
??

図4－6　小さいからこそこだわる原材料

4 原材料にこだわる

小さいからこそできる仕入れ

大規模なところでは大量仕入れということで原材料費を抑える「スケールメリット」があります。しかし、大量かつ品質が均一なものを求めるとなると、最大公約数、その原材料の品質のなかでいちばんボリュームのある中程度のものか、それより下の品質のものにならざるを得ません。しかし、小さい規模なら少量なので原材料にこだわることができる。そして農業の場合はそこに多くの「スモールメリット」があります（図4―6）。

小さい規模なら、不揃い・規格外でも大丈夫。農産物の場合、規格外＝品質が悪いとは限りません。例えば、風来のキムチの副材料として使用しているリンゴは、知り合いを通して超低農薬栽培のものを安く分けてもらっています。少し傷がついたりして一般市場に出回らないものですが、とてもおいしく、またお客さんにも心から安心して提供できます。

肥料も地域の材料で自作

風来では以前、畑に施肥する肥料は自身で作っていました。材料は近所のこだわりの豆腐屋さんから分けてもらった地元産無農薬大豆のオカラ、クズ大豆、そして近所の農家から分けてもらった米ヌカとモミガラ。こうして作ったボカシ肥料の品質は、どんなにお金を出しても買えないのではないかと思いました。しかもその材料費はほとんど無償でした。

今、風来では炭素循環農法にチャレンジしています。この「たんじゅん農法」で使用しているのがキノコの廃菌床。ただこの廃菌床で気をつけなければならないのは原材料。市販されている菌床のなかにはアメリカ産のコーンコブ（トウモロコシの芯）を使用しているものもあり、そうするとポストハーベストや遺伝子組み換えの心配があります。風来では近所で菌床から作っている農家から安価に分けてもらっています（なので、土つくりにはほとんどお金がかかっていません）。

産業廃棄物が大切な資材になり得るのが農業。もちろんそのなかでもよい品質のものを手に入れるとなると、ネットワークが必要になってきます。つながりは小さい農家にとってとても大切な財産です。

団子の材料は知り合いの農家の米を製粉

風来では、母から受け継いだヨモギ

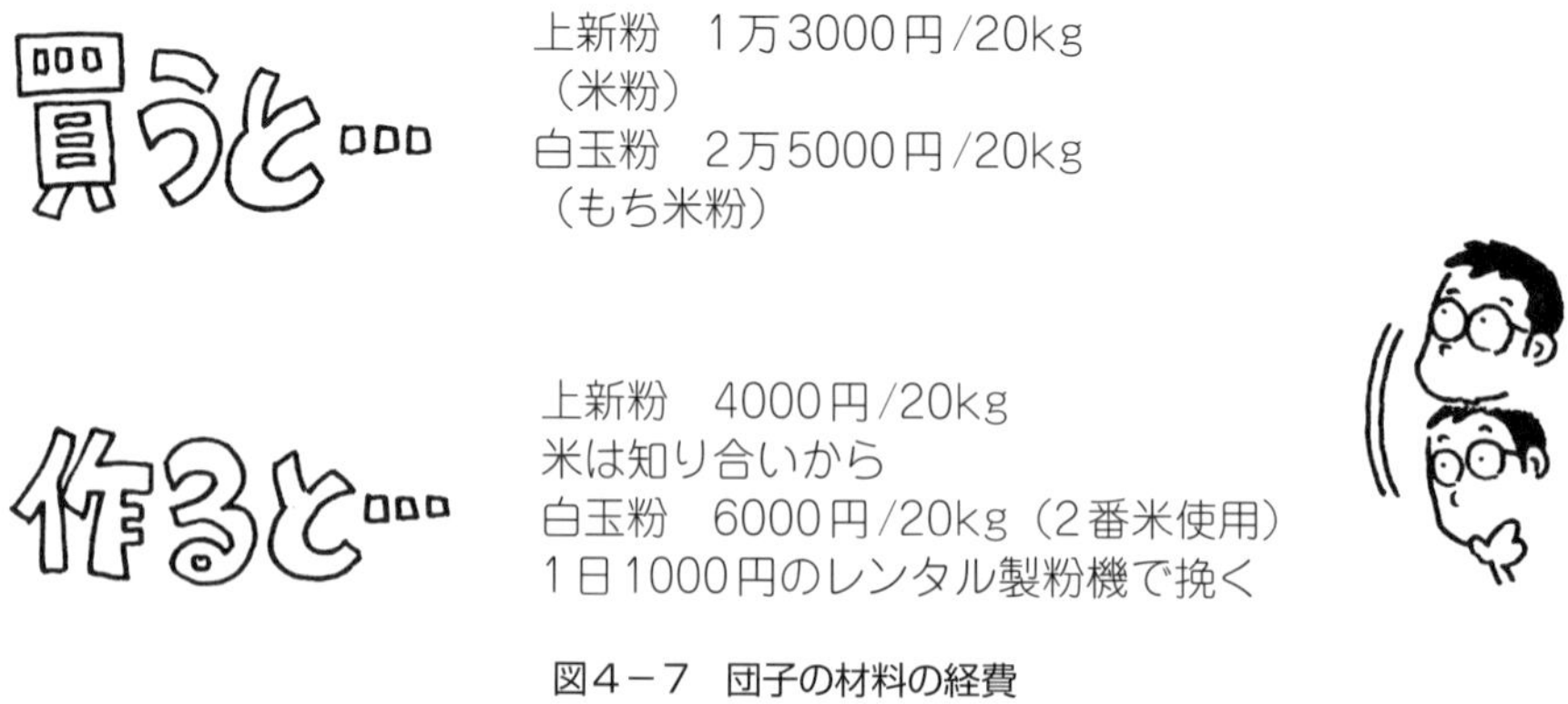

買うと…
上新粉　1万3000円/20kg
（米粉）
白玉粉　2万5000円/20kg
（もち米粉）
作ると…
上新粉　4000円/20kg
米は知り合いから
白玉粉　6000円/20kg（2番米使用）
1日1000円のレンタル製粉機で挽く

図4－7　団子の材料の経費

団子も作っているのですが、原材料の上新粉（米粉）と白玉粉（もち米粉）を製品で買うと、二〇kg当たり上新粉一万三〇〇〇円、白玉粉二万五〇〇〇円となります。しかもわかっているのは国産ということだけ。それを地域の知り合いの農家から米を分けてもらって、家庭用の製粉機をレンタル（一〇〇〇円／日）して作ると、上新粉なら四〇〇〇円、白玉粉なら六〇〇〇円でできるのです（二番米使用）。しかも地域の米だということをアピールすることもできます（図4―7）。

収入（所得）は売上げから経費を引いたものです。経費をなるべくかけないことが所得を増やすことにつながるわけですが、川上の原材料をこだわりつつ安く、そして川下の販売手数料も直売ならかからないので、少量であっても利益は大きくなります。

原価率を考える

バーテン時代、原価・原価率という考え方を叩き込まれました。飲食店の場合、原価というと原材料費・光熱費になります。農業もこういった考え方は必要だと思います。

ただ農産物の場合、どこからどこまでが原価かという線引きはなかなか難しいです。原材料費が種苗代だけならすごく安いのですが、そこに機械の減価償却費、人件費を入れるととたんに大きくなります。また田畑の場合は育つまでの占有時間を考えると、すぐに作って出せる飲食とは比べものになりません。それでもそれぞれの農産物にどのくらいの原価がかかっているのか考えてみることは、何を育てればいいのか、という指標になりますので一度考えてみるといいと思います。

人気の洋菓子は原価率が高い

この原価率という考え方を持つと、加工品の見方が変わってきます。

風来ではいろいろな加工品を作っています。風来ママのお菓子のなかで人気なのは畑の野菜を使った季節スイーツ。それはそれでありがたいのですが、例えば「さつまいものパウンドケーキ」だと原材料の小麦粉、卵、バター、砂糖などを購入しなければなりません。自家製のサツマイモは全体から見たらほんの少しです。しかも小麦粉や乳製品は価格がどんどん上がってきています。

それに対して、先述したヨモギ団子はほぼ地元のもので用意できますし、かきもちの場合、米作農家にとっては原材料の大半は自前で用意できるのではないでしょうか。
つまり洋菓子は人気ですが、原価率という考え方からいくと和物が断然有利となります。

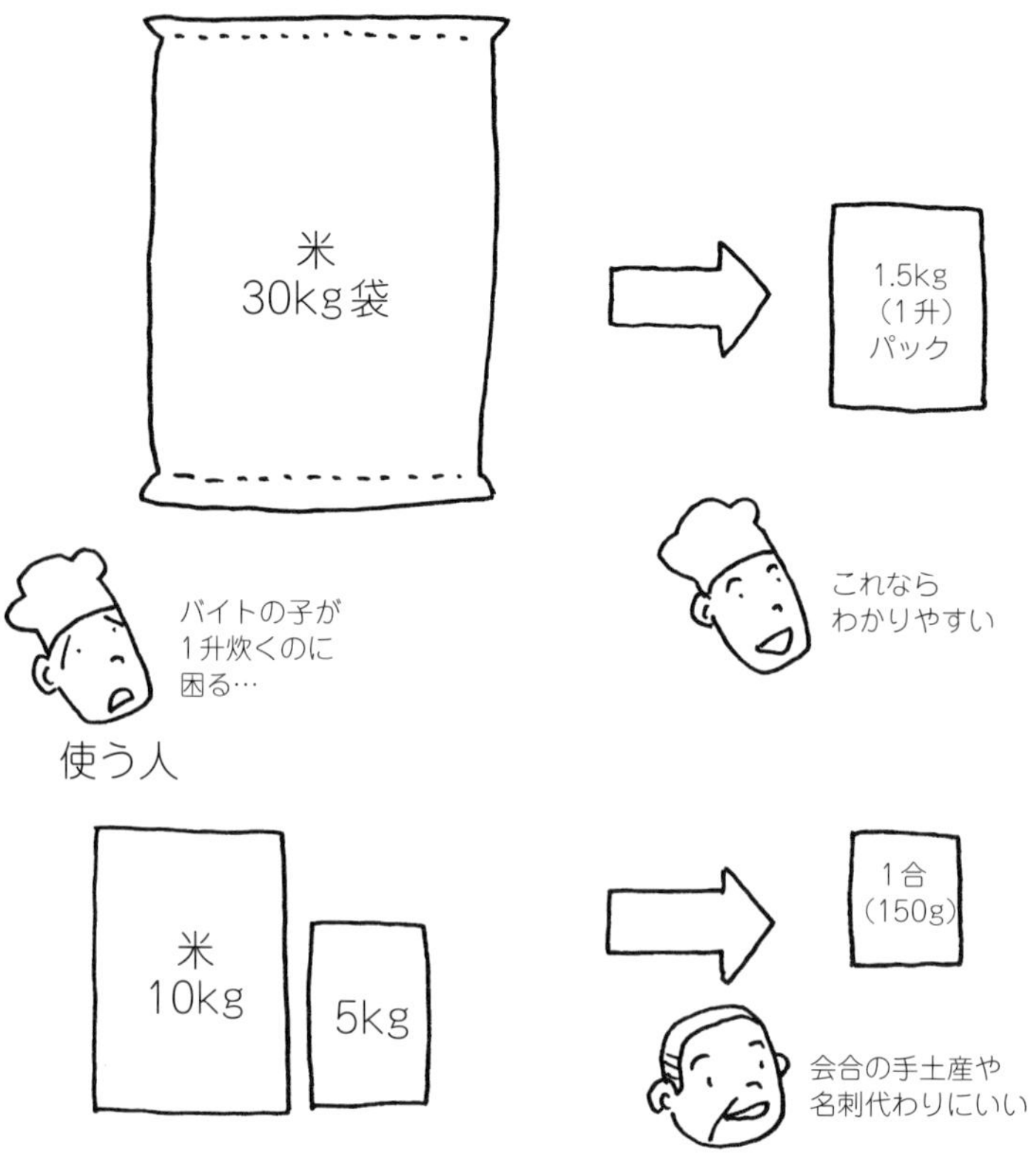

図4－8　内容量の大きさを変える

5 大きさを変える

米を一升単位で売る

先述しましたが、六次産業化は収入を増やす手段だと考えると、「加工しなければならない」という固定観念にとらわれなくなります。

ある先輩農家が、インターネットカフェチェーンに米を卸していました。配達に行った時、店長が嘆いていたそうです。

「いやぁ、最近のバイトは困るねぇ。ご飯を一升炊くのなんて米を一〇カップ入れて、といでから規定の水を入れるだけなのに、バイト同士でしゃべりながらやってると何カップかわからなくなって水加減がめちゃくちゃ。しかもご飯の場合、失敗したらまた炊き直すのに時間がかかるでしょう。こんなことが続いててね。ホント参るよねぇ」

これを聞いて、それまで三〇kgで届けていたのを一・五kg（一升）パックにして届けたところ大好評。ほかのところでも使ってもらえることになって販路拡大できたそうです（図4―8）。

考えてみると、米を炊く時は一合（一五〇g）単位なのに、売られている米といえば、二kg、五kg、一〇kg単位。最後は半端が出ますよね。こういったこれまで当たり前だと思っていたところの視点を変えると、いろいろなチャンスが出てきます。

米を一合ずつ真空パックで売る

もう一つ米の話。

先輩農家で白米三〇kgを六万円（税抜き）で販売している人がいます。この価格の米はなかなかないと思います。

種明かしをすると、一合（一五〇g）ずつ三〇〇円（税抜き）での販売。手間がかかるとはいえ、それにしても高価ですよね。中身はもちろんこだわりもありますが、無農薬栽培とかではありません。この先輩農家のところでは、米を一合ずつ、平べったい真空パックにして販売しています。

買われる人は大抵がまとめ買い。会合の手土産や名刺代わりに使われる人も多いそうです。

米が一合三〇〇円と考えると高く感じるかもしれませんが、引き出物、ちょっとしたお使い、配りものとして使うものと考えると高く感じません。

調理・加工するのではなく、販売単位、見せ方を変えることで利益率を大きくする。こういったことも立派な六次産業化ではないでしょうか。

6 情報を発信する

農家であることを売る

農産物を加工する、セット販売する、サイズを変えてみる、ということで付加価値がつくのは確かですが、私は農家の最大の付加価値は「農家であること」だと実感しています。

ずいぶん前ですが、大先輩農家さんが農作業していると母子連れが来て

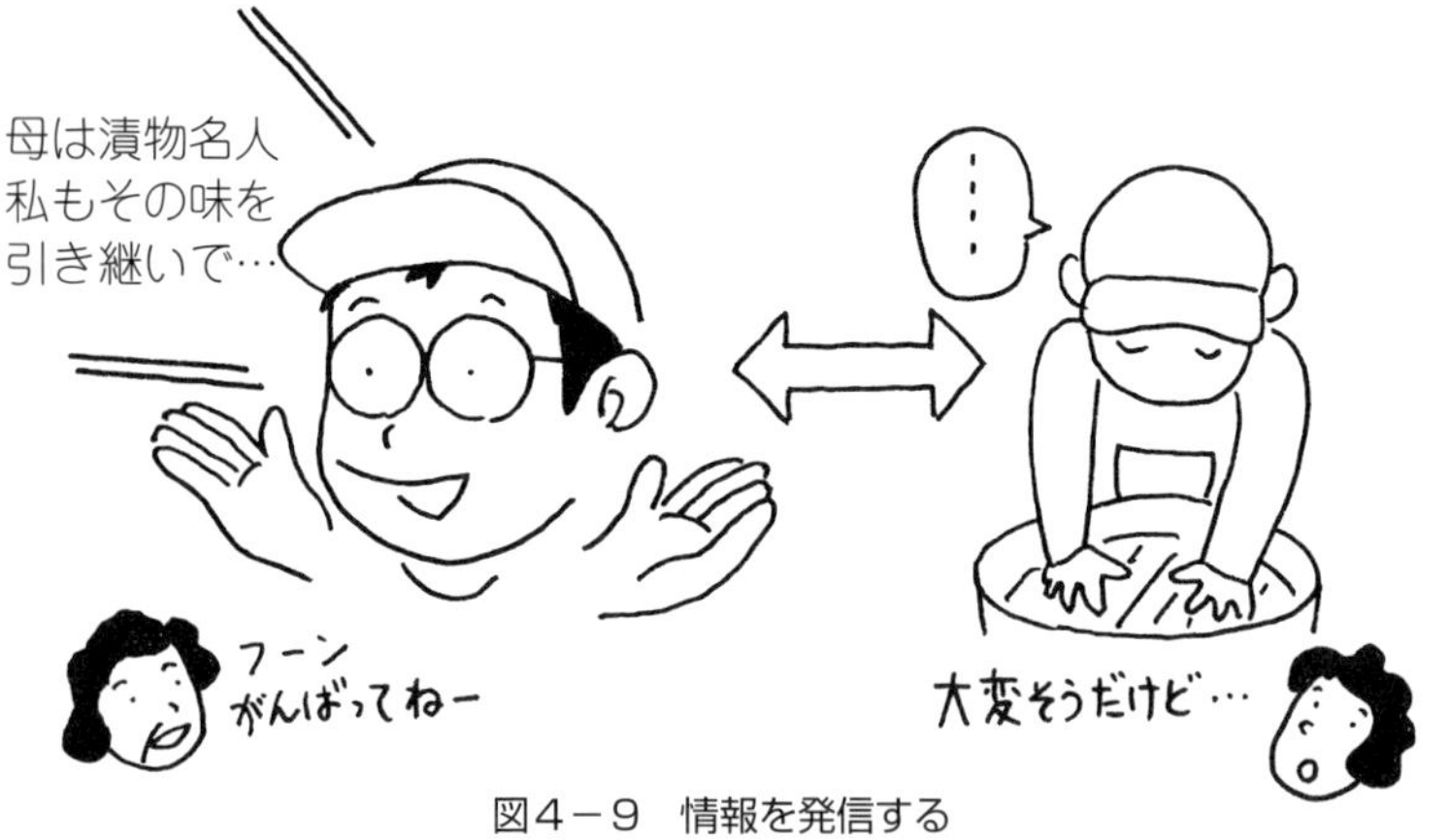

図4−9　情報を発信する

「○○ちゃん、勉強しないとこうなっちゃうからね」と指さされたそうです。しかし時代は移り、農に対するイメージがかなり変わってきました。風来でも中学生の職場体験の受け入れ、進路指導の一環で中学校に呼ばれたりするのですが、今や農はかなりの人気だと実感します。そして、図書館に行ってみると農家の書いた本がズラーッと並んでいます。少し前には考えられなかったことだと思います。

二十一世紀は環境の時代といわれますが、農＝環境にやさしいというイメージがあります（実際CO_2を減らせる産業は農業だけ）。またこういった時代だからこそ自然の中で仕事をしているというのが、とても素敵に映ってきたのではないでしょうか。

ただ、当の農家でそれに気づいていない人が多い。せっかく農に興味を持ってくれているのに「そんな甘いもんじゃねぇんだ」と敷居を高くしているということも。興味を持ってくれていること自体、とてもチャンスだと思います。農家はどんな想いで農産物を育てているのか、そういったことを現場から伝えていけばより興味をもってくれます（図4−9）。

自分の体験した一次情報を出す

そして今、個人が情報を出せる時代になりました。それまではマスメディアを通してしかできなかったことがインターネットの時代になって、ここまで気軽に個人が発信できるようになったのはまさに革命です（図4−10）。

ただその分、情報が氾濫するようになりました。そしてそのほとんどが誰かの情報をそのまま発信する間接的な二次情報。だからこそ地に足をつけた一次情報が求められています。一次情報とは、実際に体験したことをもとに本人の考えを述べることです。

そして文字どおり地に足をつけた農業は一次情報の塊でもあります。農業に注目が集まっている時代だからこそ、農家もどんどん情報を出していく時代ですし、特に小さい農業とネットの相性は抜群だと実感しています。

人柄ごと売る

大きくなればなるほど個人は出せなくなります。小さい農家だからこそ、出せるのが個人。農のイメージが上がっている今、農家が個人、一人の人間として声を出すことで、その農産物が農産物以上の価値を持ってきます。

風来では毎日ブログ（ネット上の日記）を書いています。お客さんも読んでくれているようで、たまに「先日いただいたキムチ、日記に書いてあった三月一日に播いたハクサイでできているかと思うとおいしさもひとしおでした」というような声をいただきます。その人の中ではキムチを食べながらハクサイが育つ様子も想像してくれているに違いありません。こういった人は必ず、リピーターになってくれると思います。

また、今はネットで何でも価格比較できる時代、例えばパソコンのある機種が欲しいな～と思えば価格.comなどで価格の比較が簡単にできます。同じものなら安いところで買いたくなり

図４－10　個人が情報を出せる時代

ます。そうなると価格競争していくしかありません。農産物の場合、一言でトマトといっても育てる農家によって味が違います。つまり個性がそれぞれあるので、価格だけで勝負しなくてもいいのです。人柄ごと売る。ただその個性も情報を出していないと、ないものと同じになります。

過程を見せる

日本最大級のインターネットのショッピングモールでどら焼きをいちばん売っている店があります。

ここがおもしろいのは、例えば抹茶どら焼きを売る時に「こだわりの抹茶どら焼きできました!」とはやりません。「究極の抹茶どら焼き作ります!」と宣言します。そして製作日記ということで開発過程をどんどんと書いていきます。「宇治の抹茶と十勝の小豆、

暑いなか、
秋冬キャベツの
タネ播きをしました
子どもたちと
キャベツの苗を
植えました
キャベツが
だんだん大きくなって
きました
いよいよお届けします
紙でもいいが、
毎日発信するなら
ブログがおすすめ

図4－11　過程を見せる

北海道産の小麦、それぞれ最高級のものので試作してみました。それぞれはおいしいのですが、味はバラバラで失敗です」、こういった失敗談をどんどん書いていきます。しばらくしてから「生地に煎茶を入れると味がまとまってきました」。開発してから一カ月ぐらいしたら「これまでにない究極の抹茶どら焼きできました！　明日から予約受付開始します」と宣言。そうすると予約受付開始と同時に、半年先まで予約で埋まったそうです。

何を信用していいかわからない時代だからこそ、こういった過程を表わすことで信用度が増していくのではないでしょうか。この過程を見せるという点では、農家に勝るものはありません。工業では各工程が細分化されているので一カ所で全工程を見ることは難しいですが、農業はタネ播きから収穫まで全過程を農家で見ることができます。そんな過程を見せることこそ農家の最大の付加価値だと思います(図4―11)。

ブログを毎日発信する

風来では就農相談を受けることもあるのですが、新規就農希望者にすすめているのが「今日からでもブログを書いたほうがいいよ」ということです。どんな想いで農家になりたいのか、就農するまでの過程も書いて情報を発信する。最初恥ずかしければ公開しないという設定もできます。慣れてきたら毎日、過程を書いていきます。農家になったといってもすぐに農産物はできません。その過程、苦労談を書いていくことでファンや応援してくれる人ができたら、収穫と同時にその人たちに売れると思います。

ちなみに私は二〇〇〇年からほぼ毎日、日記を書いて野菜が育つ過程、自分の想いなどホームページで公開しています。それが大きな信頼につながっています。

この日記を書くということを、もしあなたが今日から始めたとしても私が休まない限り追いつかれることはありません。これを「絶対差」といいます。値段や量で勝負する「比較差」は行き詰まってしまいます。価値を生み出すための情報や技術の積み重ねで生まれる「絶対差」を持つことは自信にもつながります。

パソコンは今や農機具の一つ

ネットと小さい農業の相性を書いてきましたが、講演・視察などでこういった話をすると年配者の人から「わしゃあ年やし、今からはできんわ」とか、また若い人でも「パソコンは苦手で」とか言う人が多くいました。これまでは、そういった人には「無理しなくてもパソコン以外で出せる範囲で情報を出していきましょう」と言っていたのですが、あまりにもったいないので、最近は言い方を次のように変えました。

「目の前に新型の高性能トラクタがあります。新型だからこれまでと操作方法が全然違いますが、ほぼタダで手に入ります。どうしますか？」

　実際私が今使っているノートパソコンは中古で三万円で購入したものです。三万円ぐらいだったらトラクタのアタッチメント代にもなりませんよね。もし本当に使えないとしても「使えない農機具買ってしまった」ぐらいの気持ちで、まずはパソコンにチャレンジしてみてはいかがでしょうか。

ネットで販売しなくてもいい

実際、風来の隣町で少量多品種農家をやっている人が、六五歳からパソコンに挑戦。簡単ながら自分でホームページを持ちました。そこのホームページではネットショップはやっていないのですが、近隣の飲食店を中心に電話で連絡が入り、畑まで野菜を買い求めにくる人が増え、今は直売のみで生計を立てています。

　そう、ネットをやるからといってホームページで販売しなければならないことはありません。若手農家でホームページは持っていないのですが、フェイスブックなどＳＮＳで情報発信することで売上げを伸ばしている人もいます。ネットを販売ツールではなく、情報発信ツールとして考えると敷居が低くなりますし、可能性は無限に広がります。

　二〇一四年の冬、青森のリンゴ農家さん、雹害に遭って収穫寸前のリンゴに傷がついてしまいました。普段は四〇〇〇円／一〇kgで引き取られるリンゴを、地域のＪＡに相談したところジュース用に五〇〇円／一〇kgでなら引き取ってもいいと言われたとのこと。「それでは資材費にもならない」とフェイスブックでつぶやいたところ、売ってくださいの声が多く集まりました。再生産価格に少し上乗せした二〇〇〇円／一〇kg（送料別）で販売したところ、二日で二〇〇箱がさばけたそうです。

　もちろん親身になってくれるＪＡも全国にあります。ただこういった別の販売手段を示すことで、いい意味での緊張感が出るのではないでしょうか。

年配の強みを活かす

先に「比較差」より「絶対差」を持つべきと書きましたが、誰でも持っている絶対差があります。それは「年齢」。私より年配の人に、年はどうやっても追いつくことができません。私より若い人がＩＴを駆使して新しい農業をやるより、じつは驚異に感じているのが年配の人がネットをやることです。

例えば、私が「農家の手造り味噌」ということでウンチクを述べたとします。そこのコメントで「なるほど。そういったやり方もあるんですね。私、今七五歳ですが、こういったやり方でやっています」と書かれたら、信用度は年配の人のほうが大きいですよね。知恵の世界では年齢が貫禄になります。その強みをぜひ活かしてもらいたいと思います。

7 ネットの使い方

マウスイヤーといわれるぐらい移り変わりが速いので、技術的なことは専門家に習うのがいちばん確実です。ただ、技術的なこととは別に、ネットを情報発信ツールと位置づけると、その使い分けが大切になってきます。

情報の出し方の使い分け

では実際に小さい農家としてネットをどのように使えばいいでしょうか。

ネットの世界はドッグイヤーならぬ

ホームページ
その農家の考え方、
姿勢を伝える
フォーマルな場
ブログ(日記)
普段の考え方を
伝える
セミフォーマルな場
フェイスブックなどの
SNS
普段着で人柄が
いちばん
出せる場

図4－12　ネット情報の出し方の使い分け

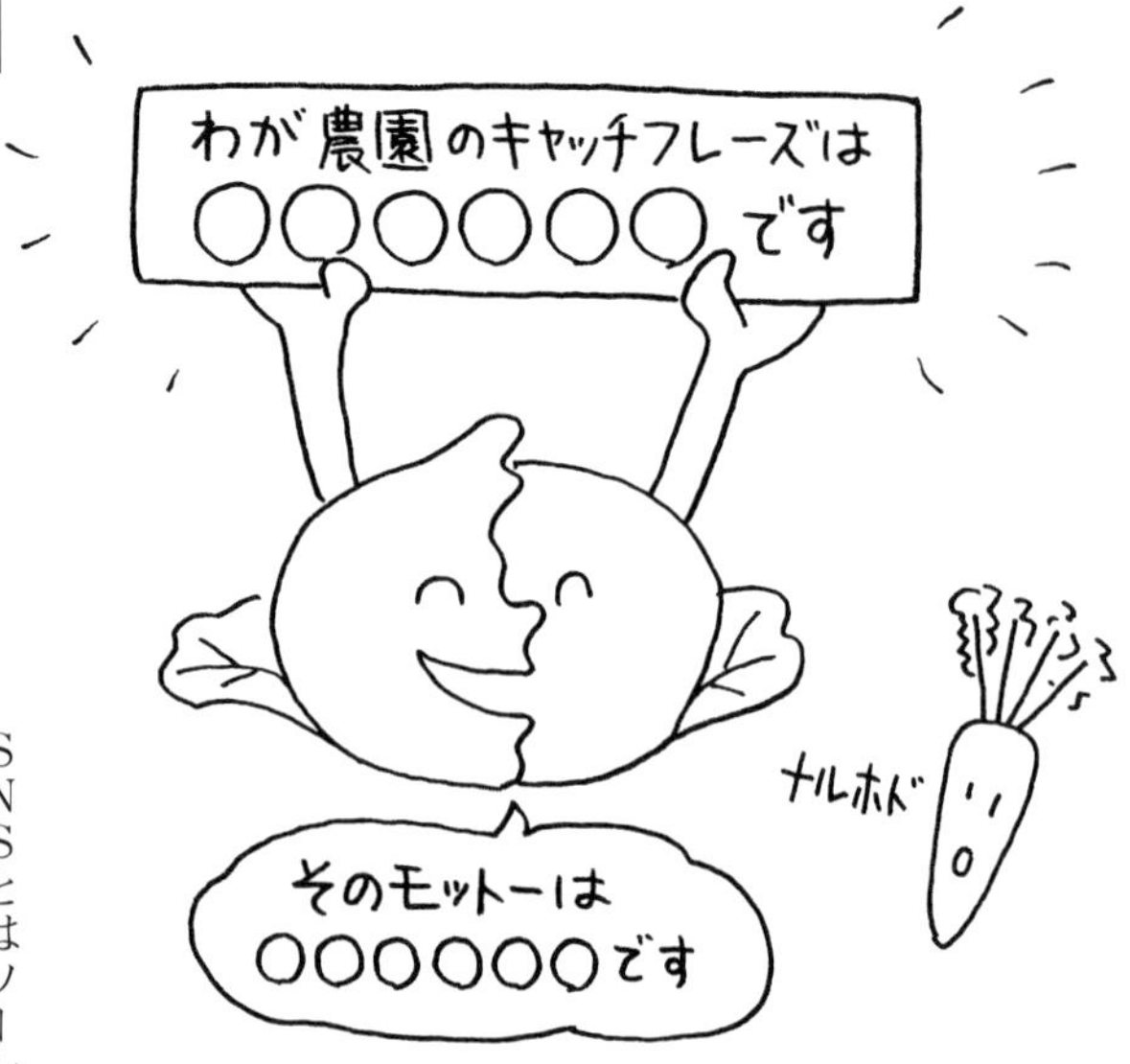

風来のキャッチフレーズは「日本一小さい農家」
モットーは「毎日食べ続けられる味と価格」

図4－13　農園や野菜のキャッチフレーズとモットーを持つ

例えば——

▼ホームページはその農家の考え方、姿勢を伝えるフォーマルな場

▼ブログ（日記）はセミフォーマル、普段の考え方を述べながらお客さんに読まれていることを意識する場

▼フェイスブックなど「SNS」は普段着で人柄がいちばん出せる場——となります（図4—12）。

SNSとはソーシャル・ネットワーキング・サービスの略称で、直訳すると「社会的なネットワークを構築するサービス」になります。簡単にいうと「使っている人同士のコミュニケーションを促進するサービス」です。プロフィールを公開し、近況報告したり、情報交換をしたり、またイベント告知も簡単にでき、友達の友達といった感じで知り合いの輪を広げるのに有効なツールです。SNSで直接販売をするということは少ないのですが、いわゆる口コミ効果もあります。

風来で最近多いのは、どう見ても風来のホームページを見ているのに、ホームページの注文フォームを使わず、フェイスブックのメッセージを通して注文が入ってくるというパターン。これはイチ客ではなく、イチ個人としてみてもらいたいという表われなのかなと思っています。小さいからこそ個人が出せる、その個と個のつながりとしてSNSはとても有効だと思います。

キャッチフレーズとモットーを

IT技術は先述したようにマウスイヤー。どんどん新しいものが生まれてきます。ただ大切なのは「どう伝えるか」ではなく「何を伝えるか」です。

図４－14　風来のホームページ

農家に求められるものは栽培技術や加工技術など多岐にわたりますが、私はこれからの農家に必要な能力の一つに、自分が育てている野菜の価値を人に伝えることなどのプレゼン力（提案力）があると思っています。

三分間で自分のしていること、特徴など話せるようになる。また、キャッチフレーズやモットー（信条）といったコンセプトがしっかりしていれば、ホームページの作成などはその道のプロに任せてもいいのです。キャッチフレーズやコンセプトを絞れないままホームページを作ったとしても、形だけになってしまいます。

風来は「日本一小さい農家」

ちなみに、わが「風来」のキャッチフレーズは「日本一小さい農家」。モットーは「（安心だからこそ）毎日食べ続けられる味と価格」になります。

そして気をつけているのは「話す」と「伝える」の違いです。話し上手ではなく伝え上手を目指す。どんなにいいことを言っていたとしても、それが伝わっていなければ存在しないのと同じになってしまいます。

情報があふれているネット社会。ホームページの閲覧時間は平均して三秒というデータがあります。例えば「野菜＊宅配」で検索すると、数多くのページが出てきます。そのページが自分に合うかどうか、信用できるかどうかの見極めが三秒なんだそうです。その三秒の間にいかに想いを伝え、信頼を得られるか。そこにはキャッチフレーズ、コンセプトをいかに伝えるかが大事になってきます（図4―13）。

風来のホームページは一昔前の作りになっています。バナー広告といって「うまい！」「○○がお薦め！」「○○が大特価！」といったページもありますが、風来が目指しているのは常連になってもらう店を目指すということ、落ち着いた雰囲気が好きな人に見ていただければと思っています（図4―14）。

そして毎日積み重ねられている日記はそれだけで安心感を与える存在になります。これこそまさに絶対差です。

愚痴でなく楽しさを伝える

そんなネット上の日記。もちろん毎日あったことを書いているのですが、私は読んだ人に農の楽しさが伝わるように意識しています。もちろん自然相手の農はツライこと厳しいことも多々ありますが、愚痴になってはいけないと心がけています。

よく農業関係の会合の冒頭挨拶で「昨今厳しい農業情勢ですが……」という枕言葉を聞きますが、そのたびに、これは自己暗示をかけているのではないか、と考えてしまいます。これまでの農業界は農のよさより圧倒的に大変さを伝えているように感じます。これは年貢の時代から、「大変だ！」といっておいたほうが何かと得してきた（今なら補助金・助成金がもらえる）からではないか、と勝手に推測しています。

同じものが置いてあるなら、明るい雰囲気のスーパーと暗い雰囲気のスーパーでは、明るいほうで買いたくなりますよね。北風と太陽、せっかくなら太陽を目指していくほうが人に伝わるし、また、やっている側も楽しいですよね。

正しいことはチャーミングに

石川県内で米を育てている先輩農家さんで、とてもお世話になっていて尊敬している人に、林農産の林浩陽さんがいます。この林さんのブログ（日記）がとてもユニーク。とても親しみやすく、農作業のことより、消防やバイク、食育の記事などが多く、時にはうちよりおいしいお米が世の中にはたくさんあるよ、なんて書いてあったりもします。

それでもすごく人気で、ネット販売もうなぎのぼり。そこはもちろん商品力があるからなのですが、「林さんちのお米」を買ったら仲間に入れてもらえる、そんな雰囲気力もあるからだと感じます。

林農産のキャッチフレーズは「二三世紀型お笑い農業」。一見ふざけているようにも思えるのですが、林さん曰く、「よいこと、正しいことこそチャーミングに伝えることが必要」とのこと。確かに正論はついつい上から目線で言いがちですが、そこで壁を作られて聞く耳を持ってもらえなければ意味がありません。林さんの真意は「二〇〇年先（七代先）の子孫に農地を残すためにチャーミング（魅力的）に農のよさを伝えていく」というところにあります。

私は農業は本来それだけで志が高い仕事だと思います。だからこそ、これからの農家はチャーミングに伝えていく努力をすることが必要ではないかと思っています。

公的機関のネット勉強会を活かす

私自身ホームページを始めたきっかけは、独立一年目の冬（二〇〇〇年）、あまりに暇でジッとしていられなかったというところからです。ホームページ作成もソフトを使っての手作り。今思うとひどいものでしたが、農作業日記のネット公開を中心に漬物などの販売をとにかくしてみようと始めました。今、本当にその時にやっておいてよかったと実感しています。素人作りのホームページで右も左もわからない時に出合ったのが、県の中小企業支援センターが開催したネット販売塾。ここでの勉強がなければ今はなかったと思います。

今もこのような各地の中小企業支援センター主催のネット勉強会は探せばあります。公的機関の主催ということで費用もかからないものが多いので、ネットをやろうと思うのであればそういったところの情報を集め、まずは参加してみることをおすすめします。そこで自分のスキルによってどんなところからスタートすればいいか教えてもらえると思います。また各地の商工会などで経営ドクター派遣事業というのもありますので、そういったものを使うという手もあります。

第5章

つながり方

——ファンを増やす

1……（風来のつながり方の変遷）

直売所、インターネットの台頭

今でこそ当たり前に行なわれている稲作農家の米直売。以前、学生さんたちに「少し前までお米って自由に農家が販売できなかったんだよ」と言ったら大変驚かれました。私が就農した頃はそんな稲作農家さん（大規模な稲作法人）を中心に農家が経営する直売所があちこちにでき始めていました。そして、各地で大型直売所が定着するにつれ、農家と市場の関係、また市場の役割も変わってきたのではないでしょうか。

こういった大型直売所ができたことにより、新規に農業をやろうという敷居が低くなったと思います。もし今のような大型直売所が就農当時近くにあったら、私のやり方も変わっていたかもしれません。

そして、ここ二十年で大きく変わったのがインターネットの発達、スマートフォンやタブレット端末の普及です。これにより流通の形態も大きく変わりまし

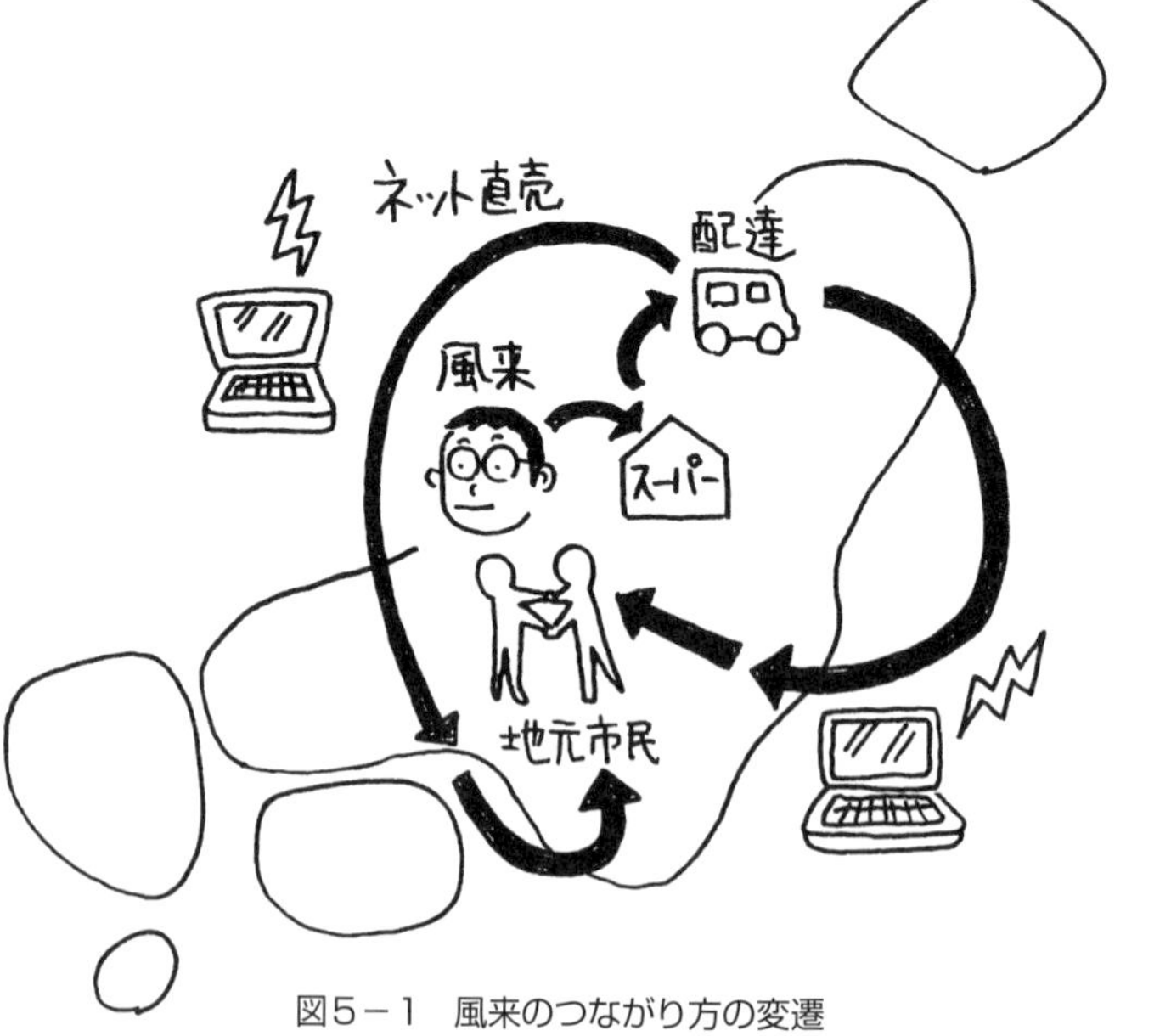

図5－1　風来のつながり方の変遷

た。二〇〇〇年の流行語大賞の一つに「ＩＴ革命」という言葉がありました。今、ＩＴ革命なんて言ったら、「何それ？」と笑われるかもしれませんが、それくらい当たり前になったということでしょう。

年	お客さんとのつながり方	
1999 （独立）	・近所のスーパーさんと取引 ・近所に引き売り （ホームページ作成）	
2000 ～ 2005 （配達時代）	・金沢市内の生協、農家の直売所、自然食品店などに配達 ・ネットのお客さんに野菜セット販売開始	
2006 ～ 2010 （直売主体へ）	・配達が減ってネットのお客さんへの直売中心に ・地元農家仲間で「市民とダイズを育てて味噌を造るサークル」（マメマメくらぶ）立ち上げ	
2011 ～ 現在 （顔が見える形へ）	・地元新聞社の主催で市民講座 ・風来独自に体験教室（ベジベジくらぶ） ・地元農家仲間と市民とで「農コン」	

図5－2　時代ごとの風来のつながり方

ネットのおかげで遠くの人と近しくなれる

以前、私は「知域」という造語を作りました。風来をやり始めた当初、ごくごく近所のスーパーとお付き合いをしていました（図5―1）。しかし近所にありながら、お客さんの反応が全然聞こえてきません。きっと買ったお客さんも地場産だということを意識してはいないだろうし、店員にいたっては数ある商品の一つにすぎなかったのでしょう。サービス業出身者としては手応えがなく、寂しいものがありました。

ところがネットで購入してくれたお客さんはよく反応を返してくれます。反応を返してくれやすいように心掛けていたせいもあるかとは思いますが、ホームページ上の掲示板への書き込みやメールを本当に多くいただいています。そのお客さんの顔を見たことはありません。しかし交流はあります。果たして、距離は近いが反応がないお客さんと、距離は遠いが反応を返してくれるお客さんとでは、どちらが近しく感じ、かかりつけ（リピーター）になってくれるでしょう。

遠いのに近い関係の「知域」

顔を見たこともなく遠距離に住んでいるのに近しく感じる。これまでになかったこういった関係が、私が定義するところの「知域」の関係です。

以前は情報発信という意味では、テレビコマーシャルなどを打てる大手の販売先だけがとても力を持っていたのではないでしょうか。ネット環境が整ってきたおかげで個人が、しかも非常に安価に情報を発信できる時代になりました。

「知域」を経て「地域」へ

そしてそんな情報発信により交流するようになった「知域」のお客さんを経て、今はまさに顔の見えるリアルな関係がいちばん強いのではないかと思うようになりました。「地域」への回帰です（図5―2）。

しかしただ単に戻るのではなく、肝心なのは近い距離のお客さんに情報を発信しているということ。実際、風来の店舗に初めて来られる人で「ネットで検索して、近くにこんなお店があることを知って」という人がとても多くいます。ただ、狭い「地域」では限りがあります。今、風来では車で片道一時間くらいの少し広い範囲の人が実際に来てくれるようになっています。

農業は職場である農地は動かせません。そんななかで変わったことをするとすぐに目立ってしまいます。そこである程度足腰が強くなるまで「知域」での関係を広げ、そして「地域」の関係に帰ってくるのが無理のないやり方ではないかと実感しています。風来近くのＪＡでも無農薬野菜の問い合わせがあると風来を紹介してくれるようになりました。視察などで大型バスがよく停まっているのをみて見方が変わったようです。

2　つながると売上げは一〇倍になる!?

大もとからの発想の転換

「一〇」の売上げを「一一」、「一二」にするなら今の延長線上の考え方でいけるかもしれません。農業の場合だと、農地を広げる、もしくは効率を上げて収量を上げるなど……。しかし「一〇」の売上げを「一〇〇」にしようとすると、大もとからの発想の転換が必要になります。

わが「風来」の耕地面積は三〇a、普通に育てて普通に市場に出していてはとても食べていけません。そんなことから直売比率を高めたり、漬物加工をしたりしてきたのですが、農の持っている可能性はもっとあると実感し、実践しているところです。

じつはそれを最初に体現してくれたのが雑草です。

畑の草むしり体験を呼びかける

無農薬栽培農家にとって雑草は、とくに春や夏は悩みのタネ。そこである時、お客さんを中心に「草むしりを手伝ってくれませんか？」と呼びかけたところ、五人が参加してくれました。でも鎌で手を切らないか、ケガなどしないかなどハラハラしっぱなし。お礼にこちらでお茶やお菓子などを用意して……。終わったあとは気疲れしてしまい、お手伝いを募集するというのも難しいものだと思いました。

しかし、やるまでは億劫な草むしりですが、やりだすと目の前の草に集中して悩みを忘れられたり、また新商品や日記のアイデアも浮かんできたりもします。それなら、ということで今度は「草むしりをさせてあげます！」と呼びかけました。

そうしたところ、以前の三倍以上の人が来てくれました。しかもすすんで来てくれているので効率のいいこと。鎌や長靴も持参で作業風景も楽しそう。さすがにお金まではとらなかったのですが、お菓子や飲み物も持ち寄り。作業が終わったあとは自分たちで持ち寄ったお菓子をシェアして食べ、満足そうに「源さん（私のニックネーム）、またやってね～」と帰っていかれました。その時は「草むしりセラピー」としてお金がとれるのではないかと本気で思ったくらいでした。

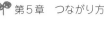

農家が大変だと思っているものもじつは価値あるものだと気づきました。

とれすぎた野菜で漬物教室

これは農家仲間から教えてもらって実践したことです（図5―3）。

夏はキュウリが爆発すること（とにかく豊作になること）がありますよね。そんな時は直売所に持っていってもダブついている状態。なかには一本一〇円以下で販売されていることも。それではあまりにもったいない。

そこで「キュウリの粕漬けを作りませんか？」と呼びかけます。集まっていただいた人には、天日干ししたキュウリを一本五〇円で販売。それに酒粕、樽などの材料費をいただきます。日持ちする漬物なので、一人五〇～一〇〇本まとめて買ってもらえます。教室代（材料費抜きで一〇〇〇～一五〇〇円）もいただいて、余っていたキュウリはあっという間になくなります。

同じように直売所にあふれるのが冬場のダイコン。そこで冬場は「タクアンを作りませんか？」と呼びかけます。タクアンの場合は二回来てもらいます。一回目はダイコンを抜いて、水で洗い、束ねて、干すところまでやってもらいます。二週間後に再度来てもらって今度は本漬け。もちろんダイコン代、材料費、教室代はいただきますが、冬の寒いなか、収穫から洗浄、結束など冷たい作業をやってもらえるのが何よりありがたいかもしれません。

図5－3　とれすぎた野菜で漬物教室を開く

仲間でイベントのやり方を学ぶ

とまあ、ことあるごとに何かできないかと考えているのですが、もちろん最初からこういったことができたわけではありません。

イベントをやるにしてもどうやって呼びかければいいのか、料金をいくらいただくのが妥当なのか、など考えてしまいますよね。私も最初から一人だとやっていなかったと思います。そこにはこれまでの経験が大きく役立っています。

以前から農家の勉強会をやっているのですが、その仲間でもっと実践的なことをやろうと二〇〇八年に始めたのが「マメマメくらぶ」。この会はダイズを育てて味噌を造ろうというサークルで、私を含めて農家三軒が中心になって立ち上げました。農をもっと身近に感じてもらおうというのが基本コンセプトです。ちょうど食品偽装問題や輸入野菜の危険性などが騒がれていた時とあって、定員の一五家族が一週間で埋まりました（告知は知り合いの自然食品店など）。リピーターも多く、最初の時からずっと参加されている人もかなりいます。

そんな「マメマメくらぶ」の農家側としての目的は「受け入れ方を勉強しよう」というものでした。どのような教え方をすればいいのか、会費はいくらぐらいが妥当か、どんなイベントをやっていけば楽しんでもらえるか、などなど。農家だから育てることはできるけど、教えたりイベントをしたりするのはまた別。農家同士助け合い、知恵を出し合いながら磨かれてきました。

今はそれぞれの地域でやろうということで、風来でも二〇一三年から「ベジベジくらぶ」なるものを立ち上げました。農の理解を深めるために、野菜を育てたり、ご飯のお供を持ち寄って食事会をしたりするサークルです。こういった感じで受け入れ方を学ぶことはとても大切だと実感しています。

田畑に知恵が合わさると、そこはまさに「可能性の宝庫」になるのではないかと思っています。葉っぱビジネスなんかはまさにその典型です。でもどんなに可能性があっても、提案して実際にやらなければ意味がありません。

最初から大きくしようとすると大変だと思いますが、最初は小さく、とにかくやってみてダメなら次を考えるというミニマム主義的考え方をおすすめします。

3 農の体験教室を開く

知恵を持つお年寄りが尊敬される

　一般的に見て、私は「これまでのお年寄り」と「これからのお年寄り」は根本的に違ってくると思っています。例えば、漬物と聞いて「作るもの」と考えるか「買うもの」と考えるかどうか。生まれてこのかた、漬物といえば「買うもの」と思って年を重ねてきた人が、あと一〇年たったら自動的に漬物を作るようになるわけではありません（図5—4）。

　これは知恵を持っているかどうかの違いだと思います。今、コンピューターやネットなどが発達してきて情報はあふれています。それこそ知識を持った人は増えていますが、知識はどんどん新しくなり、時代が変われば使い物になりません。一方で知恵は、経験を重ねて初めて身に付くものです。果たして知恵のないお年寄りは尊敬されるでしょうか？

　私自身農家になって感じたのは、農家は知恵の塊だということ。ただ、そんな知恵を無形文化財で終わらせず、活きた財産にするのがこれからの農家の役割ではないかと思っています。

市民講座で知恵を伝える

　そういったことを思いつつ、知恵をなんとか伝える、ありていにいえば知

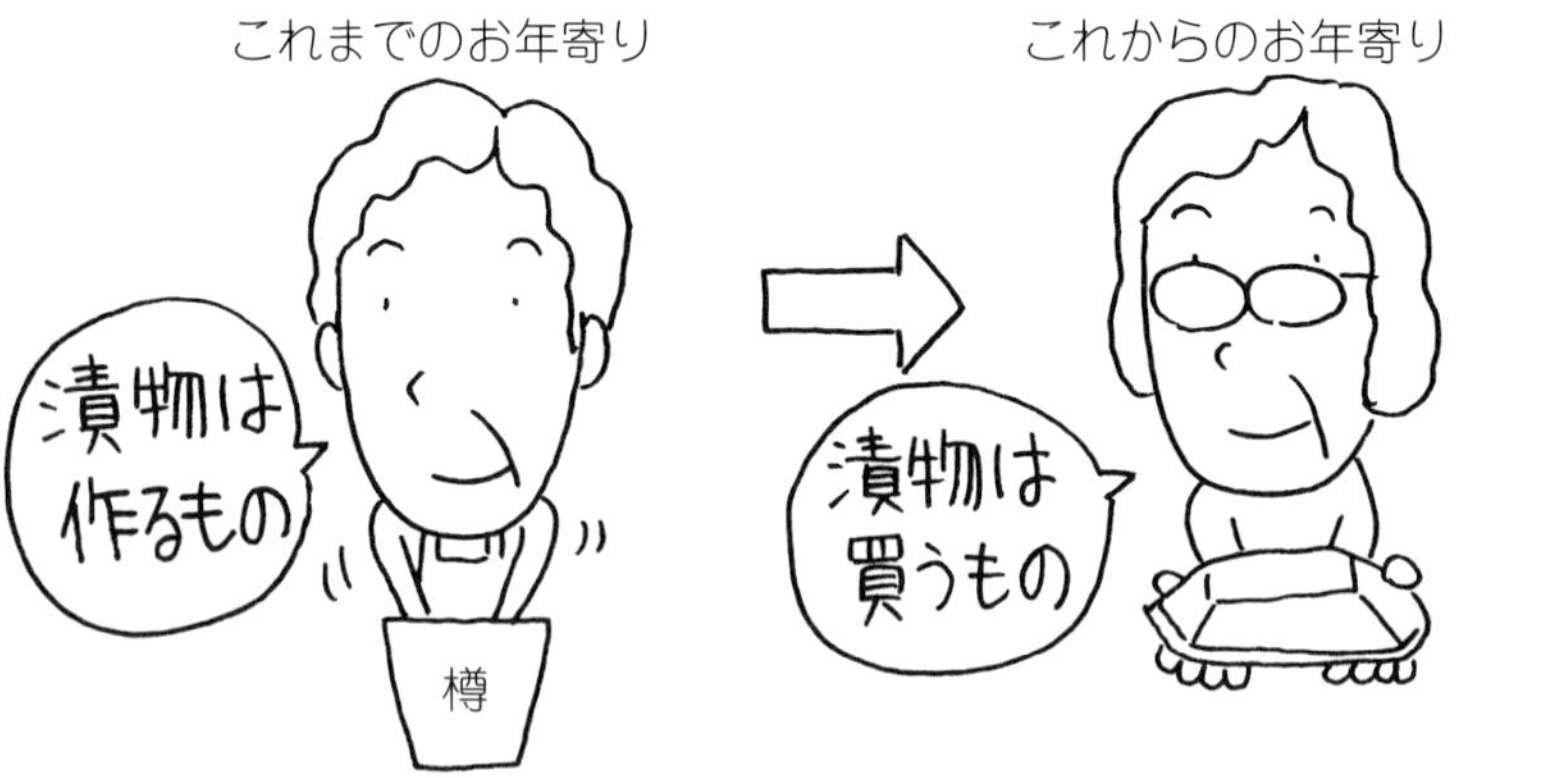

図5－4　「これまでのお年寄り」と「これからのお年寄り」

表5－1 「菜園生活　風来」講座

		畑	教室	主な材料	お土産
春	4月	畑見学。土つくり、ウネの立て方について	ハーブの寄せ植え、ハーブティーのおいしい入れ方	ハーブ苗	寄せ植えしたハーブ
	5月	野菜苗の定植の仕方、その後の管理について	ヨモギ団子作り	ヨモギ、米粉、もち粉	ヨモギ団子
	6月	雑草対策、よい雑草、悪い雑草。草むしりセラピー。キュウリ収穫	おいしいヌカ漬の作り方（ヌカ床作り、風来のヌカ床の種を分けます）	米ヌカ、野菜	ヌカ床
夏	7月	初夏野菜収穫	目からうろこのオリーブオイル教室（夏野菜版）	オリーブオイル、野菜	風来にて食す
	8月	夏野菜収穫（イタリアントマトなど中心に）	トマトソース作り、夏野菜ピザ	イタリアントマト、小麦粉	風来にて食す
	9月	秋・冬野菜の準備について	スイートポテト、カボチャプリンなど畑スイーツ	サツマイモ、カボチャ	できたてスイーツ
秋	10月	害虫対策について	地元産無農薬コシヒカリの米粉を使った米粉料理	林さんちの米粉	風来にて食す
	11月	秋野菜収穫（ハクサイなど）	収穫したハクサイでキムチ作り、浅漬けの作り方	ハクサイ、リンゴ	白菜キムチ
	12月	カブ、ダイコン等の収穫	かぶら寿し	カブ、ブリ	かぶら寿し
冬	1月	ボカシ肥料の作り方	かきもち作り	もち米	かきもち
	2月	タネの選び方	味噌造り	大豆、こうじ	味噌
	3月	畑見学、畑の計画の立て方	豆腐作り	大豆	豆腐、おから（その場で味噌汁）

恵の販売をできないか……、そう考えていた時、とある地方新聞が主催している文化センターの講師をやってくれないかとの依頼がきました。

そこまでキッチリしたものができるかどうか最初は不安だったのですが、責任が伴うことでいろいろなプログラムが生まれてくるのではと引き受けさせていただきました。先述した「マメマメくらぶ」をやっていたことも背中を押してくれました。

月一回二〇〇〇円＋材料費

講座の詳しい内容は表5—1のとおりです。月一回、第三土曜日十時から開催。講座の前半は無農薬野菜の栽培について、後半は食を中心にした実習プログラムを考えました。ちなみに受講料は一人一回二〇〇〇円（税別）＋そのつどの材料費（五〇〇～一〇〇〇円）。半年ずつの更新となります。

こんな田舎でどのくらいの人が集まるのかと思いましたが、すぐに定員になりました。定員自体は一〇名だったのですが、月二回にできないかと文化センターのほうからリクエストがあるくらい問い合わせがあったようです。生徒さんは三〇～四〇代の女性と、五〇～六〇代の男性が中心で、若い人も意外なほど多くいました。知恵が失われているという危機感は、若い世代のほうが気づいているのかもしれません。

▼四月……ハーブの寄せ植えでリピーター率増!?

第一回の講座前半では、まず畑を見学してもらい、ウネ立てなどを実演しました。反応を見ながら生徒さんたちの畑作業の理解度を確認していきました。

基本的にこういった教室に参加する人のうち、まったく土に触れたことがないという人は少なかったのですが、どこでどう学べばよいかわからないという人が多くいました。鍬の持ち方一つをとっても興味津々。マニュアルには書いていないので、みなさんとても真剣だったのを覚えています。

講座の後半ではハーブの寄せ植えを実施。相性のいいハーブを選んでもらい、実際に鉢へ寄せ植えしたものを持ち帰って育ててもらうことにしました。自分で育てると育ち具合を報告したくなるもの。意識したわけではありませんが、このことによって翌月以降も継続して来てくれた人が多かったように思います。

ちなみにいちばんの人気は、バジルとルッコラとリーフレタスの寄せ植えです。どれも根があまり強くないので、一人勝ちすることはありません。これにミントが入ると、根が強いので一人勝ちしてしまいます。

▼五月……ヨモギ団子作りは大人が夢中に

五月の畑部門は野菜の定植の仕方と初期管理についてです。浅植えや根洗いなど月刊誌『現代農業』を参考に、自分が実践してよかった技術を伝えていきました。特にピーマンやナスを根洗いすると病気に強くなりますが、そういったことに興味を持つ参加者が多かったと思います。

後半の知恵の教室はヨモギ団子作り。生のヨモギを使った団子は風味が違います。団子作りはその手触りから童心にかえれるのか、大人でもやりだすと夢中になります。

▼六月……除草剤を使わない雑草対策に関心大

梅雨に入る六月は、雑草対策について。風来の畑は肥料分もなく当初は雑草すらほとんど生えてこないところからスタートしました。土ができてくる過程で雑草の種類が変わってきたことを実感したので、そのようなことも伝えました。最初はスギナ、次にイネ科、よくなってくるとマメ科の草が生えてきます。そのサイクルで自然に土がよくなってくるということや、邪魔にならない草は抜かなくてもいいという話をしました。こういった教室に来るのは環境意識が高い人が多く、除草剤を使わずに草と付き合う方法について熱心に質問されます。

知恵の教室はヌカ床作り。米ヌカと塩と水でできるヌカ床ですが、とても人気がありました。風来のヌカ床をタネとして、一握り分けているのですが、これによって失敗しないヌカ床ができます。ヌカ床もその家庭の味に成長していきますので、そのあたりの楽しみもあるようです。

▼七・八月……夏野菜の収穫とオリーブオイル料理

この時期は夏野菜の収穫体験です。収穫しながら整枝の方法なども伝えます。ただ七月ともなると早朝でなければ野菜の傷みも早いので、実際に収穫するのは少なめにしました。

後半は収穫した野菜を使ったオリーブオイル料理教室。わが家のいちばんのおすすめは、ズッキーニとオリーブオイルの蒸し煮です。たっぷりのオリーブオイルに、刻んだズッキーニを入れて蓋をして煮ると、トロトロになります。味付けは塩だけで、ズッキーニならではの味が楽しめます。これは大好評でした。

八月は主にイタリアントマトの収穫が中心で、それを使ったトマトソース作り。まだまだ日本では馴染みのないクッキングトマトですが、火を通してこそ真価が発揮されます。普通のトマトとの食べ比べも好評でした。

▼九・十月……害虫対策の質問が多い

九月は秋・冬野菜の準備について。ニンジンの芽出しの方法やダイコンの品種、越冬できる野菜について。農家と違ってビニールハウスを持っていない人がほとんどなので、露地で長く育てられるタカナやタアサイなどを伝えると、とても喜んでもらえました。後半は、旬のサツマイモやカボチャを使った畑スイーツ作りです。お茶タイムをじっくりとると、贅沢な時間になります。

十月は害虫対策について。家庭菜園教室で質問が多いのが雑草対策と害虫対策についてです。土ができているかどうかが大きいのですが、最初は防虫ネットや不織布などの物理的防除をすすめ、チッソ過多にならないようにアドバイスしています。コンパニオンプランツも好評でした。

講座の後半では地元米粉を使用した米粉料理。秋野菜の天ぷらなど気軽に使えるレシピにしました。米粉の存在は知っていても実際に購入する人は少ないことを知りました。

▼十一・十二月……漬物教室は意外に人気

この時期は秋冬野菜の収穫です。そして漬物がおいしくなる時期なので、収穫した野菜でキムチやかぶら寿司（北陸特産のカブのこうじ漬け）の教室をしました。漬物教室は今の人にはどうかと思ったのですが、こちらも人気。裏を返すと、今は自宅で漬物を漬ける人が少なくなったのだと実感しました。

▼一・二月……味噌造りは不動の人気

本格的な冬はそれぞれ畑の準備期間ということで、ボカシ作りと品種の選び方。地元の米ヌカとクズ大豆を使ったボカシ作りは好評で、また品種についても病気に強い在来種の話などは反応がよかったです。

後半の知恵の教室では一月はかきもち作り、二月は味噌造りだったのですが、やはり味噌は人気が高かったです。味噌造りに関して、二年目は手前味噌大会ということで、前年習っていた人にも来ていただき、一年後どのような味わいになるかみてもらいました。

▼三月……加工でのいちばん人気が豆腐作り

最後の三月は畑計画の立て方です。施肥の仕方を実践。加工はいちばん人気の豆腐作りをしました。

ただこの豆腐作り、初年度はうまく固まらずに失敗。あとから気づいたのですが、原因は購入したにがりのマグネシウム濃度でした（ダイエットブームの影響で安価で濃度の低いにがりしか一般的な店では手に入りにくくなりました）。その時は急遽オカラ料理教室となってしまいましたが、やさしい生徒さんに救われました。

農家の知恵が求められている

とまあ、いろいろとありましたが、これらの経験がすべて今の自分の血となり肉となっています。じつは文化センターの教室を始めたのが二〇一一年三月十九日。そう、あの震災の直後です。当初中止しようかとも思ったのですが、こういった時こそ知恵が必要ではないかと開催しました。今はやってよかったと思っています。自然災害のリスクや消費税増税などにおける経済リスクの高まりで、これからますます真の意味での生活力（百姓力）を持とうとする人が増えてくると思います。そんな時に受け皿になれるのが農家ではないでしょうか。

イベント告知はフェイスブック

また講座自体も収入になりましたが、それ以上に教室に来てくれた生徒さんたちが、「風来」の野菜や漬物などたくさん買ってくれて、そちらの売上げのほうが大きかったかも。そして講座を卒業した人もそのままお客さんになってくれています。

マーケティングというと、物をいかに売るかと考えがちですが、最先端のマーケティングは、いかにして販売店のファンになってもらうかと考えるようです。そういった意味でもこのような講座をやることは大変意味があると実感しています。

文化センターの講師は二年間やりました。新聞社主催といっても場所は風来のお店でマージンをとられることもあり、その後は自分で主催してやることにしました（先述したベジベジくらぶです）。

告知はフェイスブックだけで（毎回一五～二〇名）集まるようになりました。情報発信ツールとしてのみならず、こういったイベント告知においてもSNSは農ととても相性がいいです。

ベジベジくらぶではもう少しくだけた感じにして、漬物教室や畑教室をしたあと、持ち寄り宴会をするようにしています。最近の合言葉は「胃袋が近い人は仲良くなるのが早い」です。食にこだわる人は食だけにとどまらず生活全般にこだわる人が多いので雰囲気もとてもよく、一度参加した人がまたこだわりをもっている人を紹介してくれるようになっています。

農産物は有限、知恵は無限

ここまで実践してきて、知恵の販売の可能性は無限だと強く実感しています。

風来では風来ママの手作りお菓子ということでシフォンケーキなども販売しているのですが、そんな私の妻が何度か通ったシフォンケーキ作り教室。そこではシフォンケーキ自体の販売は月一度の週末のみで、あとは教室を開いています。平日の午前と午後にそれぞれ六名ずつ、受講料は一人一コマ四〇〇〇円（税別）。それでいて予約は三カ月先までとれないそうです。シフォンケーキそのものを売るより確実ですし、何よりロスがないのがすごいと思います。パンや菓子販売の最大のリスクは売れ残りをどうするかということですから。これもまさに知恵の販売です。

農産物は有限、畑にある分を売ってしまうと終わりですが、知恵は無限です。そして知恵を販売することで農家の誇りも持てます。

例えば農家が地域の家庭菜園の先生となる。そうすることで農産物への理解も深まります。今、農家も六次産業化など加工品販売を手がける人が増えてきています。自分の畑でとれるものを原材料として使うといっても、価格競争に巻き込まれては勝ち目がありません。そこで「昔ながらのこだわり」という路線になってくると思いますが、どんなに農家が本物だといっても、本物を知らない人には伝わりません。そういった本物を伝えるためにも知恵を教えていくことが大切だと思います。農家自身もそうですが、毎回手作りすることはできません。しかし一度手作りするとそのものへの見方が変わる、買い方が必ず変わってきます。

知恵は減らない、奪われない

私の場合は両親が漬物やかきもち、味噌や団子などを作っている姿を見てそんな知恵が自然に身に付きました。そういう意味ではとても恵まれていたといえます（小さい頃は手伝わされて面倒臭いと思ったものですが……）。例えば、かきもちなども作れる時期が限られているうえに、できあがるまで二カ月かかります。それでも躊躇なく作れるのは、親がやっていた姿を見てきたからこそです。

誰かがどこかで始めなければ知恵は蓄えられません。そして知恵は経験により積み重ねていくもの。それは、減ることもなければ誰に奪われることもない「絶対差」の世界でもあります。

田舎の少し大きな家の納屋で、セイロやかまど、杵や臼など見かけることがあります。ご先祖が大切にしてきたものでしょうが、今は使わなくなって朽ちようとしているのがほとんど。しかし知恵をもって見ると、まさに宝の山に見えます。こういった時代だからこそ知恵が活きてくる。知恵には消費税も相続税もかかりません。子どもたちに金銭・物を残すことも大切ですが、知恵を残すことは将来にむけて本当の財産になるのではないでしょうか。

4 地域の農家どうしでつながる

月一度の近況報告をする

私が幹事で月に一度、農家の勉強会をしています。かれこれ一〇年以上続いています。

当初は基本からということで、農業高校の教科書を買い、土つくりの三要素とは……と、まさに勉強会をしていました。しかし参加人数が増えるにしたがい、メンバーもバラエティに富んできました（基本、来る者拒まず、去る者追わずの姿勢）。稲作農家、野菜農家、果樹に花卉、そして新規就農希望者も増えてきました。

野菜農家一つをとっても、育てているものから育て方、規模や販売方法もそれぞれ。まさに十人十色です。そんな参加したすべての人の身になる勉強会の方法は何かないかと思案していた時、友人に農業とはまったく関係ない、聴く力を磨くセミナーに誘われて参加し、その時に「これだ！」と思いました。

それから月に一度の勉強会は近況報告を中心にしました。一人一人順番に自己紹介し、今取り組んでいること、また悩みを話します。ルールは一つ、人が話している時は集中して聴くこと。簡単なことですが、考えてみると忙しい現代社会、自分の話を五分集中して聴いてもらえる機会というのは、ありそうでなかなかないことに気付きました。

やりたいことが整理される

この会では、時には「まな板の鯉」ということもやります。それぞれの近況報告のあと、その月のターゲットになった人に、例えば「五年後の自分」というテーマで、皆の前で一五分ぐらい話してもらいます。

人前で話すことは最初は大変ですが、慣れることが大きいので、何度もくり返すうちにスムーズに話せるようになってきます。また人前で一五分話すには、ある程度筋道を立てなければなりません。何日も前から何を話すかシミュレーションしていくなかで、頭の中が整理され、あらためて自分のやりたいことが再発見できます。農業ともすれば目の前のことをこなすだけで精一杯になりがち。だからこそ、こういった機会を作ることはとても大切だ

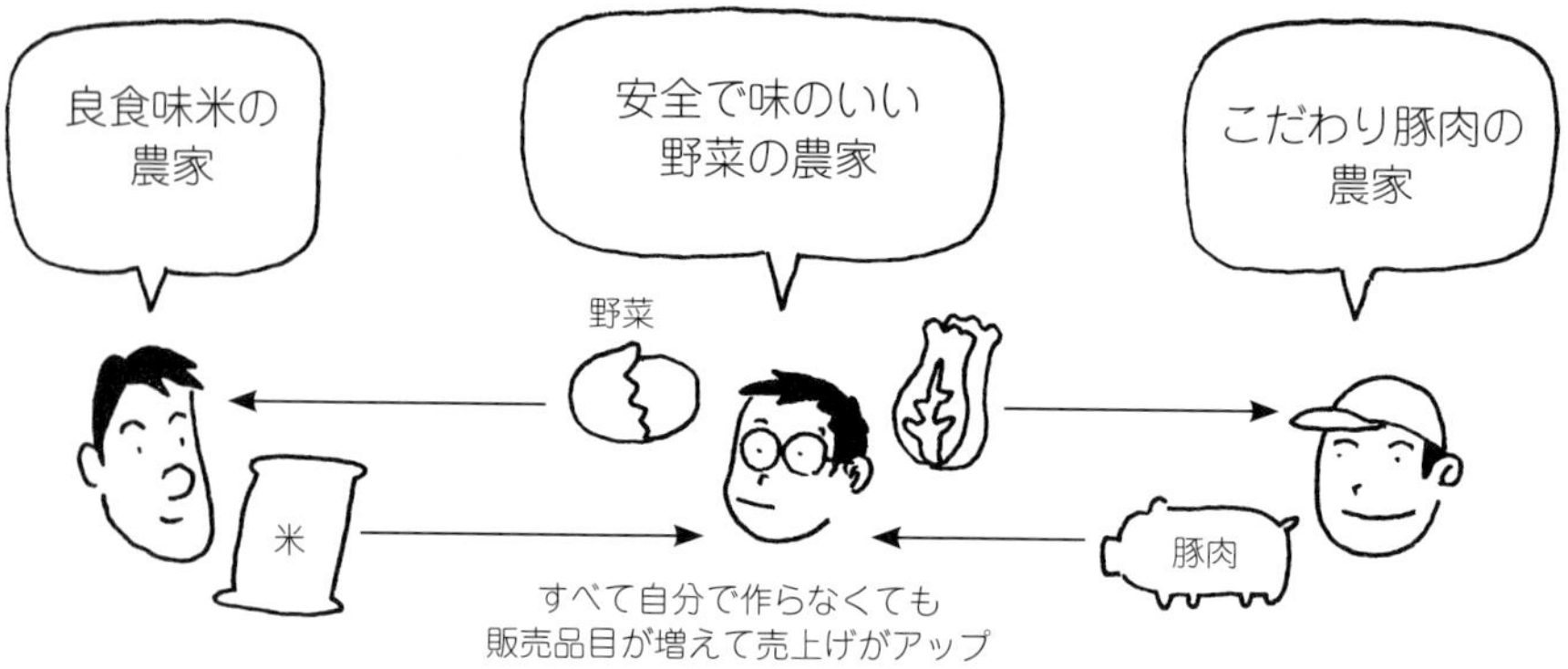

図5－5　野武士のネットワークを作る

と実感しました。第4章で書きましたが、ネット上などで短時間で自分の農園をアピールするための「キャッチフレーズ」と「モットー」も、こうやって人前で話すことで磨かれていきます。

最近では実際に独立就農する人が出てきたり、また販売網が広がったりと、直接的なつながりも増えてきました。農法や農作物別の勉強会もいいですが、こういった「近況報告の場」があってもいいと思います。先述したマメマメくらぶもこの近況報告会のなかから生まれました。

野武士のネットワークを作る

農家になって思ったのは、農家は仲間意識が強いということ。考えようによっては商売敵でもあるのですが、それより同志という感じがします。これは同じ用水を使ったりしているからという心情もあるのでしょうね（それが逆に、しがらみになるということもありますが）。

私はこれからの農は、団体やグループではなく、小さくてもそれぞれが独立していて何かあった際に力を合わせる、そんな野武士のネットワークが理想ではないかと思っています。それぞれがお客さんを持っていて自立していてつながる、そんな五〇：五〇の関係だとお互い気持ちよく付き合えます。またお互い持っていないものを融通して販売したり、それらでセット商品を作ってお客さんに買ってもらったりすることもできます（図5―5）。

個人ブランドどうしでつながる

風来のほとんどの商品には「源さんの」という言葉がついています。「源さんの白菜キムチ」「源さんのぬか漬け」「源さんのトマトジュース」などなど。本来売り文句になる「無添加」という文言は小さく入れています（入れていないものも多々あります）。

「源さん」というのは大学時代のニックネームです。風来を起業した頃にちょうど有機ＪＡＳ法ができました。有機認証団体に認められると有機野菜と表示することができるという制度。それまでは減農薬栽培や有機肥料を一部使用したものにも有機栽培と表示したり、わかりづらかったので、そういった意味では一定の効果はあったかと思います。しかし同じ有機農産物と一括りにするのは無理があるのではないかと思いました。風来のように小さい農家であれば、販売量も限られているので目の届く範囲でフォローできます。それならまず個人の信頼を高めようと思い立ちました。

「源さん」とついていれば何の説明がなくても無農薬栽培であり、無添加。そして源さんが紹介している商品もそういうこだわりがある。そんな個人ブランドを確立できれば強いと感じました（信用性の担保の一つとして畑をオープンにしていて、どなたが来ても自由に見て回れるようにしています）。

風来を始めてからあちこちで「源さん」「源さん」と呼ばれると、そのたびに浸透してきたと嬉しく思いました。そして逆に「源さん」という響きに恥ずかしくない、こだわりのものを出さなければと思うようになりました。

風来では野菜セット、漬物、風来ママのお菓子という自家商品とともに、懇意にしている農家仲間の加工品や米、また無添加の調味料も販売しています。入り口は野菜セットや漬物が多いのですが、同じ一個口で発送できるならと、お客さんも追加で調味料や農家仲間の商品を買ってくれます。

もちろん自然食品店と比べるとアイテム数は圧倒的に少ないです（無添加醤油一つとっても自然食品店では一〇種類ぐらいありますが、風来では一種類）。ただ扱うものは、普段わが家で使っていて自信を持ってすすめられるもののみ。農家仲間のものに関してはその人柄ごと紹介できるというもの。いわば「源さんセレクトショップ」となります。源さんが信用しているものなら間違いないだろう……と買ってくれている人が多数います。こういった品揃えだと安売り競争に巻き込まれないですみます。

このようにそれぞれの個人ブランドの信用で仲間のものを販売する。加工品も自分ですべて作ろうとしなくても、一〇人の仲間のものを一品ずつ扱うだけで一気に一〇アイテム増えることになります。もちろん自家製造するより利幅は少なくなりますが、メインのものを持っていれば売上げアップに貢献してくれます。

大きい農家とつながる

さて、本書では小さい農家、小さい農家といっていますが、大規模農家や集落営農を否定しているわけではありません。耕作放棄地や後継者不足などのさまざまな問題がある今、親やその地域から引き継ぐものがあれば、それはとても意義のあることです。特に稲作などは大型機械、ライスセンターなど設備も必要なのである程度の規模は必要になってくると思います。

それぞれ「志」の合う農家がネットワークでつながるのが私の理想とするところですが、地域としては大きな稲作農家のまわりに小さな野菜農家がたくさんいる。そんなご飯とおかずのような関係が理想形でないかと思っています。稲作農家から出る米ヌカやワラ、モミガラ、また転作で出る規格外のダイズなどを野菜農家が利用して、逆にその米を野菜農家も販売するというようなネットワークがあちこちにできたら、地域も強くなっていくのではないかと思っています（図5—6）。

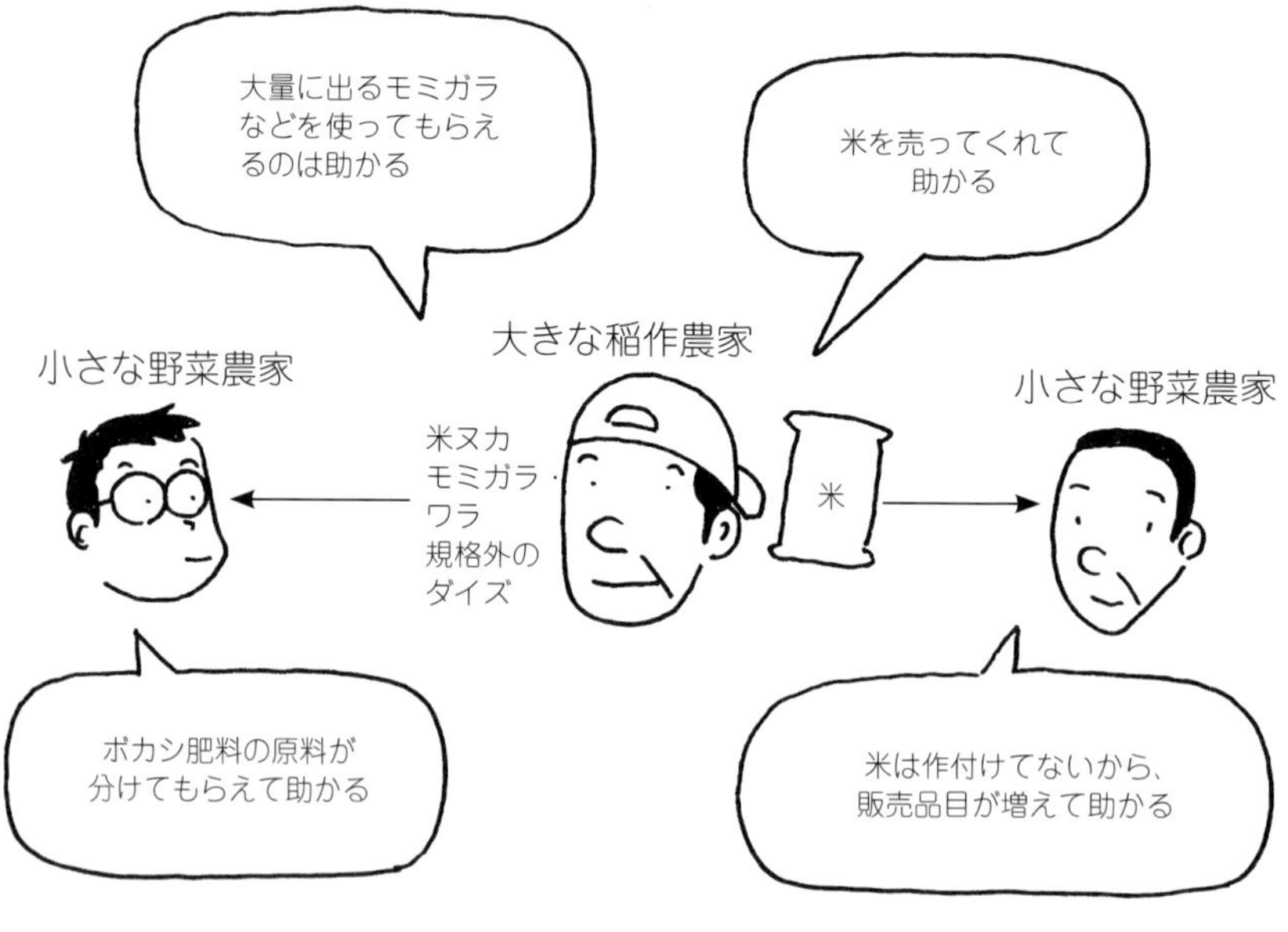
大量に出るモミガラなどを使ってもらえるのは助かる
米を売ってくれて助かる
大きな稲作農家
小さな野菜農家
小さな野菜農家
米ヌカ
モミガラ・
ワラ
規格外のダイズ
米
ボカシ肥料の原料が分けてもらえて助かる
米は作付けてないから、販売品目が増えて助かる

図5－6　大きい農家とつながる

5 農コンを開く

有料の体験教室

現在風来では「ベジベジくらぶ」と称して、毎月のように知恵の販売イベントをやっています。いわゆる有料の体験教室で、味噌造りの会やヌカ床教室、畑教室、時には外部講師を招いて、オリーブオイル料理教室をやったり、日本茶の入れ方教室をしたり。

毎回共通しているのは教室だけでなく、その後にお茶会や持ち寄り食事会をすること。自己紹介とともに持ち寄った一品を紹介してもらうと一気に距離が縮まります。今では雰囲気ができてきて、初めて参加した人もすぐに溶け込んでくれます。こういった教室に来ること自体、食に興味やこだわりがあるということ。そういった人は農家にとってとても大切だと思います。

農家の話を聞きたい

そして何度かイベントをやっているうちに教室にも興味はあるけれど、農の現場や農家の話を聞きたいという人も多いことがわかりました。

農村や農家のまわりにはもちろん農家がいて当たり前ですが、今の世の中、消費者が普通に暮らしていると、農産物は身近にあっても農家と直接話す機会はほとんどないようです。それから私自身農家になって思ったのは、農家は個性的で面白い人が多いということ。自然相手の農家はいい意味でも悪い意味でもキャラクター（性格）が濃くなっていくのかもしれません。

そこで思いついたのが「農コン」。このコンという字はコンパのコンです。いわゆる男女が出会いの場を求める婚活ではなく、これを農家との出会いの場にしてしまおうという企画をしました。

「かかりつけの農家を見つけよう」と呼びかけた

フェイスブックを使い、イベントを立ち上げ、以下のように呼びかけてみました。

▼農コンin金沢

かかりつけの農家を見つけよう！

合コンならぬ農コン。農コンは農家と農・食に興味ある人をつなぐ場です（どなたでも参加できます）。

命の基を育てているのが農業、そんな農・農家に興味がある人も多いのではないでしょうか。でもどこでつながっていいかわからない。その食がどこでどうできているかわかりづらい時代。だからこそ、こうやって直接つながることで生まれることがあると思います。

かかりつけの医者や弁護士のように、かかりつけの農家（もちろん一軒に限らず）を見つけることはきっと安心感にもつながります。

とまあ、少し堅苦しいことを書きましたが、ワイワイと農家と直接つながろうというのが今回の企画です。しかも石川県は個性的な農家が多いので、楽しく、そして目からうろこがボロボロ落ちること間違いなしです。

ドリンク（ビール含む）とメロポチ（今回の会場・喫茶店）当日限定特製カレー付き（参加農家の野菜をたっぷり使用します）。今回ははじめの一歩！　どんどん輪が広がればと思っています。会費二〇〇〇円、定員三〇名です。ワンドリンク、ワンカレー、野菜オードブル付き。追加の飲み物や食べ物はキャシュ・オン・デリバリーでお願いします（例：ビール五〇〇円）。

農家と忌憚のない話をワイワイ交わしましょう。途中、農家の主張もあり。ギター演奏会・食育講座もあるかも。また、参加農家の農産物・農産加工品の直売もあります。

農家一二人に対して参加者二八名

このように呼びかけました。参加する農家は、日頃から有機農業の勉強会をしている地元の一二名のメンバー。彼らにも参加費はいただきましたが、当日の農産物や農産加工品の販売は自由にし、マージンはいただかないことにしました。

実際に参加者の反応はどうかと心配していたのですが、いざフタをあけてみると定員三〇名は二日でほぼ満員になり、会場である店の人にお願いして急遽一〇席増やしてもらうほどになりました。

当日の仕込みとしては、各テーブルに農家を配置して、参加者には好きなところに座っていただきました。そうしたところ、会が始まる前から大盛り上がり。なにせ司会である私の第一声が「宴たけなわではありますが」からスタートしたくらい。こういった会に来る人は、食の意識が高く、農家の話を本気で聞こうとしている人が多いのです。ちなみに参加者は女性が六割ほどでした。

ほかの仕込みとしては、各テーブル

写真５－１　大いに盛り上がった「農コン」

で自己紹介や、農家による五分ほどのプレゼン。農園紹介や農への想いを語ってもらいました。スタッフさんがプロジェクターでその農家のホームページやフェイスブックを映し出してくれ、とても好評でした。これからの農家にはプレゼン能力が必要であることをあらためて実感しました。

第一回目はそれだけで打ち解けたので、ほかに何もする必要はなかったのですが、今後はそのテーブルにいる農家の農産物がより売れるように、テーブルごとにビジネスプランを考えるということも応援団になってもらういい機会になるかなと思っています。

つながりを求めている人は多い

参加された人には地元の農家を簡単に紹介した「農家マップ」（安全な食を求める地元の主婦が作ってくれたもの）を配ったところ、後日それぞれの農家に行って直接野菜を買われた人も多くおられ、つながりが続いているようです。実際に農家を訪ねたり、直接買いに行ったりするのは圧倒的に女性が多いことも発見でした。農家の収穫祭となると、野菜や農産加工品の即売会になりがちです。それでも交流は生まれるかもしれませんが、農家としては目の前の生鮮品を売るのを優先してしまうのも人情です。しかし農コンの場合は逆で、まずつながりを持ち農家の人柄を知ってもらう。そのことでそれから長くお付き合いができる。これからはこういった視点の会があってもいいのではないでしょうか。

そして肝心なのはイベントを一過性で終わらせないこと。そのためにどういう仕掛けをするかを考える必要があります。名刺やチラシを用意することも有効ですが、今とても力を発揮してくれるのがフェイスブックなどのＳＮＳ（ソーシャル・ネットワーキング・サービス）だと思います。

情報が溢れて何を信用していいかわからない時代だからこそ、つながりが求められているのだと思います。最近は「会えるアイドル」というのが流行していますが、「会える農家」というのもこれからいけるかも。「農家のいちばんの付加価値は農家であること」と以前から言っていたのですが、まさにそんな時代になってきたと実感。こういった農コンのようなものが全国に広がるといいなと思っています。

6……クラウドファンドでつながる

「擬似私募債」という資金調達法

就農するにあたって、公的機関からお金を借りるのもいいと思いますが、自分のやりたいことが見えてきたら資金の調達は別の手段を考えてみてはいかがでしょうか。

農業であればＮＰＯバンク（地域社会や福祉、環境保全のための活動を行う市民団体、個人などに融資することを目的として設立された小規模の非営利バンク）で低金利で借りられやすいですし、そういった意識の高い人たちへの告知にもなります。

また、自分で「擬似私募債」を発行するという手もあります。擬似私募債とは、少人数私募債を真似て柔軟性をもたせたものです。少人数私募債とは、不特定多数の者ではなく、限定された者に対して証券の取得を勧誘するというもので、特定少数の投資家または機関投資家、金融機関に対して購入を呼びかけて発行するものです。

そんなことは素人には無理だと思われるかもしれませんが、実際に擬似私募債で成功している人がいます。東京品川のとあるパン屋さんが、当初はまだメジャーではなかった天然酵母のパンで、パン屋を開業したいと思っていました。しかし資金が四五〇万円ほど足りませんでした。そこで疑似私募債を発行。内容は一口が一〇万円、利率が五％、償還期間が四年一括返済。おもしろいのはその利息を年四回に分け、「パン券」で支払うというものでした。

事業計画とパン作りに対しての想いを語り、先の条件で勧誘したところ、五〇名の応募がありました。そして出資した人はそのまま応援団になりました。店を宣伝してくれたり、贈り物にパンを使ったり。そのパン屋さんの返済が終わったあとも常連さんとなってくれ、人が人を呼んで今でも評判の店になっているそうです。こういった例、農家にとってはとても参考になるのではないでしょうか。なにせ現物の強みで農家に勝るものはありませんから。

志に共感してくれると資金援助を受けられる

農業は時間軸、つまり未来の財産を先取りするという考え方をすると可能性が広がると思います。

以前、「五年後から定期的に届けてくれるお米を予約できるとしたら、いくらなら買ってくれますか？」とアンケートを三〇人くらいのお客さんにとってみたところ、都心の人が中心でしたが、平均で一〇kg当たり一万円と、思った以上の価格で買ってくれるという答えが返ってきました。それだけ将来の食に対して不安を感じている人が多いということでしょうか。例えばそういった人たちから、未来の米を担保に資金を募り、就農することも可能かもしれません。資金的な面はもちろんですが、応援してくれるお客さんもついてきます。

手軽なクラウドファンディング

そして今は、そんなアイデアが実現しやすい、擬似私募債より手軽で返済の必要がないクラウドファンディングという仕組みが世界的流行になっています。日本には遅れて入ってきましたが、東日本大震災以降定着してきました。クラウドファンディングとは、不特定多数の人がインターネット経由などで「志」ある事業や組織に共感した場合に財源の提供を行なうことを指し、群衆（crowd）と資金調達（funding）を組み合わせた造語です。

今、日本でもクラウドファンディングの代行サービスをしてくれるところがいろいろとあります。私もこの仕組みを利用させていただきました。

具体的に利用したのは、ＦＡＡＶＯ（ファーボ）というサイト。ＦＡＡＶＯは、地域貢献・地元応援をキーワードにしており、現在も全国各地でプロジェクトが進行しています。

出資する人は、その都道府県在住に限らず、「志」を感じて出資したいと思ったところに出資できます。出資金額に応じてお返し（お金ではない）がもらえる仕組みです。

プロジェクト内容は、例えば「猟師の学校を開いて中山間地であるこの地域を元気にさせたい」「地元の食材だけでパンケーキを作って発信したい」など、さまざまです。

プロジェクトの立ち上げ方は、その企画内容をまとめ、目標達成金額を決め、期間内にその達成金額に達すれば成立するという流れです（図5―7）。達成しなければゼロとなります（出資は受けられない）。

二二万円を一日で達成

私は二〇一二年から無肥料栽培に挑戦しているのですが、その時に必要になると思ったのが草を細かく裁断する

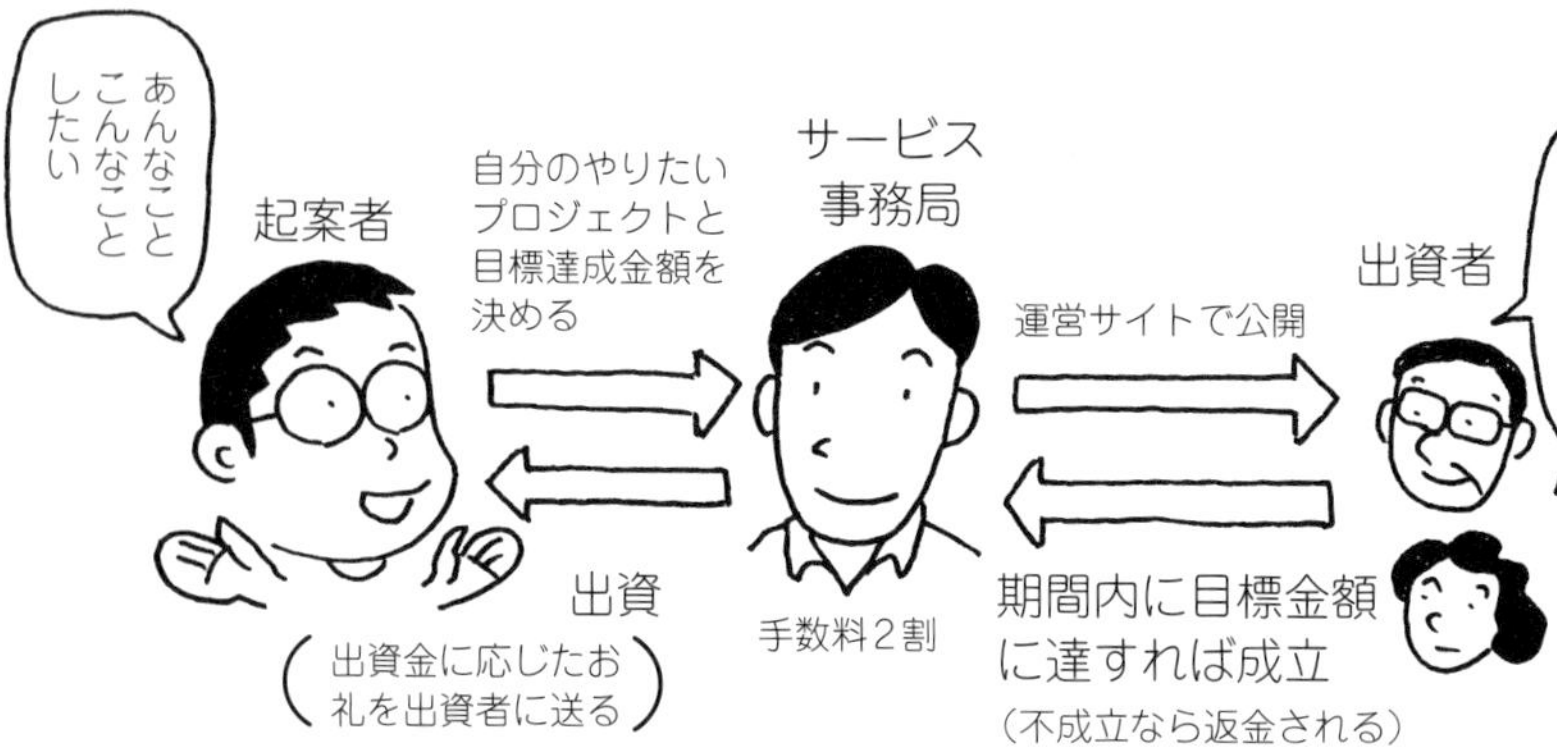

図５－７　クラウドファンディングで出資金が集まる仕組み

機械のハンマーナイフモア。小型のものでしたので購入費用がないわけではなかったのですが、家族を抱え、順調にいけるとも限らないなかで、できるだけ節約したいという思いからＦＡＡＶＯに申し込みました。結果は、当初の目標二二万円を一日でクリア。最終的には達成率一九二％の四二万三〇〇〇円となりました。あらためて農に対する期待感、注目度を実感しました。

出資者がファンにもなってくれる

日本は世界でも珍しいくらいの「貯蓄大国」で、個人貯金保有高の高い国です。その根底には、国が信用できず、将来に不安があり、個人の生活は個人で守らなければいけないという意識があるからではないでしょうか。また、銀行に預けている人もこの超低金利時代ですが、とりあえず家においておくより安全と、仕方なく預けている人も多くいると思います。しかし、預けることで潜在的に何か役に立ちたいと思っている人もいるでしょう。

私自身、少額ではありますが、地元のＮＰＯバンクに出資しています。預けても無利子、ヘタをするとお金が返ってこない可能性もあります（よほどでない限りそのようなことはありませんが）。それでも預けるのは銀行においておくより、そのお金が回ることで、少しでも誰かの役に立てるのではないかと思ったからです。

ハンマーナイフモアを購入しようと考えた時に最初、ＮＰＯバンクへの出資金を引き上げようとも考えましたが、ＦＡＡＶＯに申し込んでよかったと思います。購入資金援助という意味はもちろんですが、出資していただいた人と縁がつながり、また風来のファンになっていただけた人もいたからです。出資金が集まることで自分がやろうとしている方向が間違いではないという勇気もいただきました。

お金は社会の血液とよくいわれますがコミュニケーションツールでもあると感じます。しがらみではなく、お金を融資・出資してもらえることで縁までもらえる、まさに円だけでなく縁もいただける。しかもそんな仕組みに農はとても相性が合います。

出資金が集まる仕組み

実際にＦＡＡＶＯを利用してみて感じたのは、農とクラウドファンドの相性がとてもいいということ。でもそういわれても実際やってみるかというとなかなかできませんよね。私もご縁がなければやっていなかったと思います。ということで私が行なった事例を具体的に書いていきます。

ＦＡＡＶＯの仕組みを簡単に説明します（図５―７）。自分がやりたいプロジェクトの目標達成金額を決め、期間内にその達成金額に達すれば成立。達成しなければ、たとえ達成率が九〇％であっても不成立となり一銭も入ってきません（出資者のところに返金されます）。達成した場合、成功報酬として二割がＦＡＡＶＯ側に入ります。一〇〇％を超えても期間内はそのプロジェクトが続けられます。また成立すると、出資者に出資金に応じたお礼を送る仕組みとなっています。

成功報酬として手数料二割は高いと感じるかもしれませんが、実際にやってみると、これくらいは当然かと思えました。また達成しなければゼロという厳しい面もありますが、手数料は一切かからないので金銭的リスクはないというのも、すごいことかと思います。

申し込みから審査、公開まで

具体的なやり取りとしては、申し込み（ホームページからメールにて）をし、そのプロジェクトがＦＡＡＶＯの指針に添うものか審査されます（図５―８）。大丈夫であれば次に進みます。メールで送られてくるプロジェクトシートに記入して返信し、郵送されてくる承諾書に記入し返送。問題がなければインターネットで告知するプロジェクトの文書作成となります。ワードをベースにプロジェクト文章を作成し、事務局の人と校正、推敲のやりとりを何度かした後、公開となります（案件が込みあっていたら公開は先延ばしになります）。

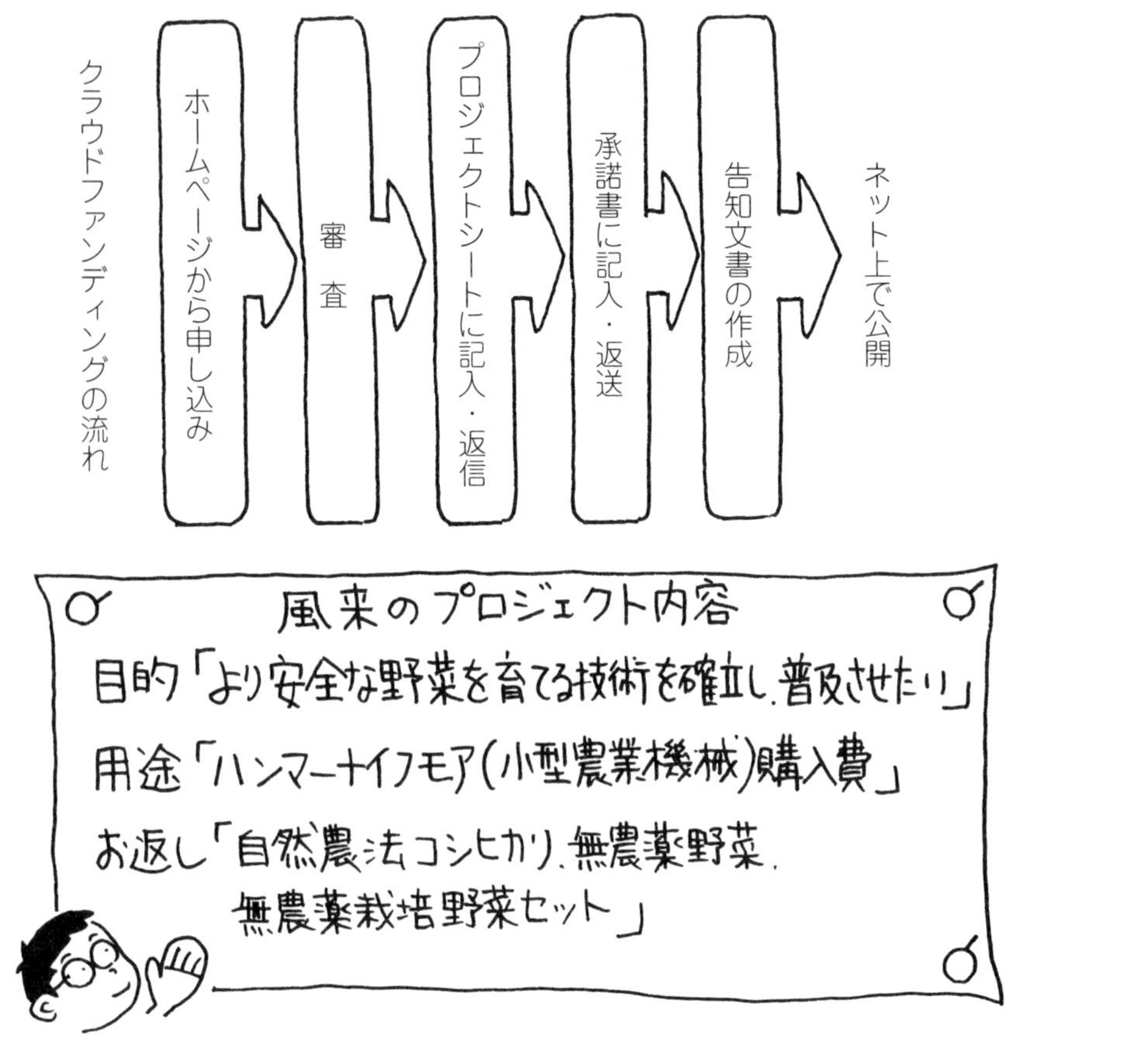

図5－8　風来がクラウドファンディングに起案したプロジェクト内容と流れ

出資のお返しは野菜セットなど

最初に決めなければいけないのは、プロジェクトの「目的」「用途」「お返し」です。私の場合、目的は「より安全な野菜を育てる技術を確立し、普及させたい」。用途は「ハンマーナイフモア（小型農業機械）購入費」、お返しは「自然農法コシヒカリ、無農薬野菜、無農薬栽培野菜セット」としました。お返しは出資金額によって変わります。例えば一〇〇〇円出資していただいた人には、栽培経過報告（メルマガにて栽培技術も含めて紹介）、五〇〇〇円の人には野菜セット、三万円の人には年四回の旬の野菜セットを贈ることにしました。当初は三万円までだったのですが、ＦＡＡＶＯ事務局の人からのすすめで一〇万円（月ごとに野菜セット、一二回送付）という枠も作りました。一〇万円はさすがに無理でしょうと思ったのですが、出資してくださる人がいて、こちらが恐縮してしまったほどです。

事務局との文書作成のやり取り

私の場合、プロジェクトが立て込んでいなかったという運もあり、最初のやり取りから二週間でプロジェクト公開となりました。公開する文章作成のやり取りでは、最初に私が提案したものの九割方は使われなかったのですが、それだけ事務局の人が私の思い込みを冷静に受け止めてくれ、いかに伝えるかを教えてもらいながら作成しました。

私が何気なく書いた「かかりつけの農家」という言葉が事務局の人にヒットしたようで、その言葉を中心としたた作りになりました。実際出資してくださった人のなかには「かかりつけの農家」という言葉に感銘したという人がいました。ワードを中心としたやり取りですので、それほどパソコンに詳しくない人でもできると思います。たくさん書けば書くほど、そのなかから拾ってくれるものも多いと感じました。

目標達成度は一九二％

実際に公開が決まってからは、知り合いやお客さんにメールでお知らせしました。お金で支援してくださいということは、それまでならできなかったと思います。しかしＦＡＡＶＯを通してやろうとしていることに間違いはないと思えたので自然とできました。その人たちからの支援が呼び水になったのか、二日で目標金額の二二万円を達成。最終的には前述したように四二万三〇〇〇円となりました。ちなみに、目標金額を超えた金額については、この農法を広げるための活動費やハウスの修繕費などに使わせてもらうことを事前に告知していたので、それらの費用に充てました。ちなみに私の行なったプロジェクトはこちらになります←（すでに終了しています）

https://faavo.jp/ishikawa/project/45

地元農業を応援したい

実際にやってみて、金額達成したことも嬉しかったのですが、それ以上に自分がやろうとしていることをこれだけの人が支援してくれたということが自信につながりました。また支援してくれた人がそのままお客さんになったりと、ご縁がずいぶん広がりました。

今はＳＮＳなどのつながり、またＦ

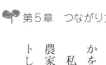

AAVOの実績による信用性の高まりもあり、達成金額もどんどん大きくなっているようです。そんなFAAVOで私もお世話になった事務局の人からコメントを寄せていただいたので紹介します。

FAAVOは地域を盛り上げるプロジェクトに特化した、クラウドファンディングサイトです。現在全国二一のエリアで展開しています（二〇一四年七月現在）。日本のクラウドファンディング案件（プロジェクト）は、多くのサイトで被災地支援や国際問題の解決、クリエイティブ（映画製作、新商品開発など）な案件がまだまだ多くを占める中、FAAVOでは地域の農業従事者のプロジェクトも取り扱い始め、実績も複数あります。農業関連のプロジェクトの成功率は高い数値を保っています。取り組みそのものだけでなく、取り組んでいただいている人に魅力的な方が多く、大きな共感を呼んでいる印象です。日本の農業や農業従事者の姿は、多くの人にとって故郷を思い出すきっかけの一つになっているのではないかなと感じています。

これからは、農業をはじめとした地域の基幹産業を担っている皆様にも積極的にクラウドファンディングをご利用いただける態勢を築いていきたいと思っています。

㈱サーチフィールド　取締役FAAVO事業部責任者　齋藤隆太

サイト　https://faavo.jp

想いの強さに尽きる

いろいろと書きましたが、結局成功している人をみていると、その想いの強さに尽きると思います。FAAVO以外にもいろいろなクラウドファンドのサービスをしているところがあります。新しいことにチャレンジしようと思っている人は、信用のおけるところを探して、ぜひ挑戦していただければと思います。リスクなく、想いを形に変えられるチャンスなのですから。

7　ビジネスプランを考える

ビジネスプランというと大げさに考えてしまいますが、先の擬似私募債やクラウドファンディングのように小回りのきく融資方法も一般的になってきました。どんなにいいことでも実際に動かないと変わりません。ビジネスということでお金の流れを考えると具体的なプランが出てきます。

CO_2を削減する「三方よし」の融資の仕組み

二十一世紀は環境の時代といわれ、実際に環境問題や農業問題はどんどん大きくなってきています。このままではいけないという危機感も高まっていますが、「一人一人の心掛けでCO_2を減らそう」とか「自給率を上げよう」という漠然とした呼び掛けでは、いつまでたっても解決しません。

具体的にCO_2を減らす取り組みとして「未来バンク」（環境によいことをするために融資するNPOバンクの先駆け）が始めたのが冷蔵庫の買い替えのすすめ。古い冷蔵庫を買い替える人を対象に低金利（三％の単利）でお金を貸し出しました。

今の冷蔵庫は以前と比べて省エネ化がかなり進んでいます。四〇〇ℓの冷蔵庫の場合だと一〇年前の製品の消費電力は一二〇〇kWですが、現在の省エネ型は一八〇kW。買い替えることによって節約でき、電気料金が年間約二万三〇〇〇円安くなります。例えば購入価格一〇万円を未来バンクから借りて冷蔵庫を買っても、金利を含めて五年間で元がとれ、その後の差額は利益になります。もちろん当初の目的のCO_2排出量も削減できます（ちなみに古い冷蔵庫を処分するエネルギーコストを考慮に入れてトータル的にみても環境に優しいそうです）。

この仕組みは、誰も損しないどころか誰もが得する、まさに「三方よし」。お金の流れを考えることで現実を変える近道になる。そしてビジネスとして成り立つので継続していくことができます。

スーパー経営者の「家庭菜園ビジネス」案

先ほどの未来バンクの取り組みを知ったあと、あるところで食育関係の講演をさせていただいた時に、ワークショップ形式で自給率を上げるビジネスプランを考えてもらう試みをしました。参加していたのは農業と関係ない人が多かったのですが、いろいろとおもしろい意見が飛び出しました。

例えば、観葉植物の代わりに「観葉野菜」や「観葉果物」の株や樹をオフィスに配達して管理する仕事（自然と食を身近に感じてもらう）。また、軽トラの荷台に土を入れ、野菜を育てて移動菜園を作り、それを教材にあちこちの学校を回る（食育授業）など。

秀逸だったのは、とあるスーパー経営者の人の案です。どんな案かといいますと、まず経営しているスーパーの掲示板に「余っている畑を貸してくれませんか?」と張り紙をします。次にその放棄畑をある程度整備したうえで、「家庭菜園やりませんか?」と張り紙をする。そして菜園でとれたものを、そのスーパーのインショップで直売してもらう、というものです。

この案の素晴らしいところは、以下の点です。

①放棄畑の地主もその土地をなんとかしたいと思っている。しかし、先祖伝来の土地ということで信用がない人には貸したくない。地域のスーパーが面倒をみてくれるのであれば安心である。

②家庭菜園をやりたい人はいるが、気軽に畑を借りることができない。でも地域のスーパーなら気軽に借りることができる(技術的な不安もあるが……)。

③家庭菜園にとって困るのは余った野菜。せっかくできた野菜を捨てるのは忍びない。でも、そんな野菜が売れるのであれば、やりがいも出てくる。

④スーパーにとっては地域の新鮮野菜が売りになる。お客さんにとっても嬉しいし、野菜を出してくれる人はそのスーパーの常連にもなってくれる。

このプランがうまくいけば、地域の自給率は上がります。輸送コストがかからないということで環境にも優しい取り組みになります。こういったことがほぼコストをかけずにできる。もちろん不備もあるでしょうが、こういったサイクルのなかにアドバイザーとして地域の農家が入ってきたりすると、結構うまくいくのではないか、と思わせてくれました。

農業はアイデアの宝庫

じつはこれらのアイデアは、五人一組で五分という短い時間で出てきたものです。もし漠然と「自給率を上げる方法を考えましょう」という問いでは、こういった案はいくら時間をかけても出てこなかったと思います。また、自分のところだけの売上げを伸ばそうと考えると、すぐに行き詰まりますが、皆のため世の中のためと考えると無限のアイデアが出てきます。そういった点でも、志に直結する農業はアイデアの宝庫ではないでしょうか。

ビジネスプランというと大げさに考えてしまいますが、頭の体操と思ってワイワイ考えてみると楽しいものです。また、社会にとっていいことを考えるのは、とても気持ちがいいものです。

第6章

小さい農業の考え方

1 始める前にやっておきたいこと

小さい農業ならハードルは低い

ここまで、小さい農業の実際をみてきましたが、このへんで小さい農業を始めるために必要なことや考え方についてあらためて整理しておきたいと思います。

「農」を仕事にするとなると、以前は農家の跡を継ぐという形が圧倒的に多かったのですが、今は農業法人の社員になるなど多様化してきました。それでも農業経験まったくのゼロから独立農家を目指すとなると、かなりハードルが高いと感じている人が多いと思います。私自身、親の土地を借りられたという意味ではまだ恵まれていましたが、畑作の経験はまったくなく、まさに徒手空拳。誰に聞いても「無理」「農家になるのは資金がかかる」とさんざん言われました。それならこれまでと違うやり方をしてみようと思いました。そうやって生まれたのが風来流小さい農業、ミニマム主義です。

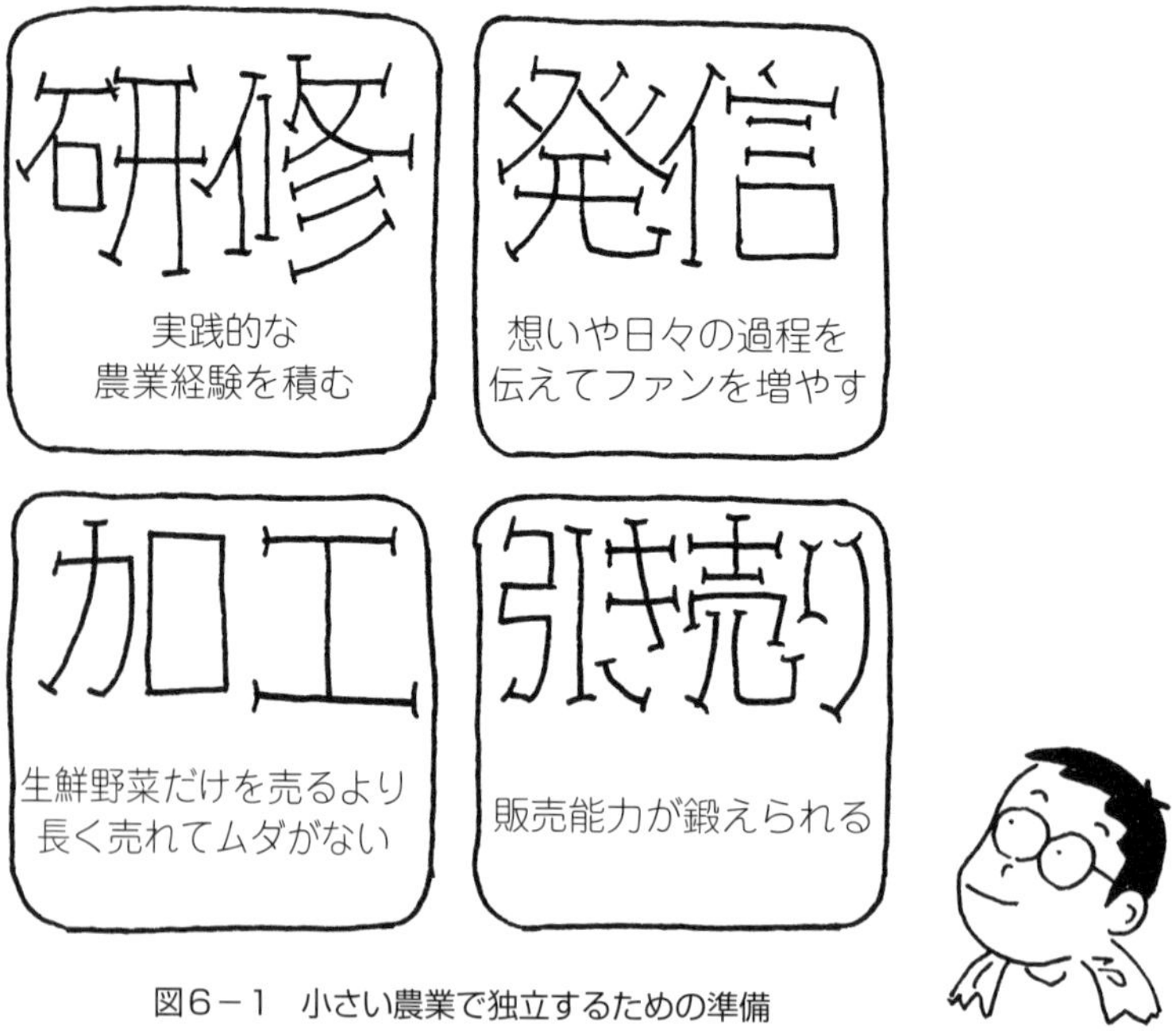

研修
実践的な
農業経験を積む
発信
想いや日々の過程を
伝えてファンを増やす
加工
生鮮野菜だけを売るより
長く売れてムダがない
引き売り
販売能力が鍛えられる

図6－1　小さい農業で独立するための準備

ミニマム主義的独立農家になるための準備についてまとめてみると、私の経験上からおもに次の四つがあげられます（図6―1）。

始めるための準備は四つ

一つめは、農業研修をすること。独立農家を目指すなら農業法人や農家で研修を受け、実践的な経験を積むことをおすすめします。

二つめは、今（就農前）からでもブログを始めること。自分のやりたいことや夢を毎日発信することで少しずつ信用を得て、お客さんとつながることができます。小さい農業では直接つながることがとても大事になります。

三つめは、加工技術を身に付けること。芸は身を助けるではありませんが、生鮮野菜をムダなく売り切るために加工技術があったことでどれほど助けられたかわかりません。

最後に、引き売りから始めることをおすすめします。相手と直接向き合うことは大変でもありますが、口では言い表わせない大きな収穫があります。

後ろの三つは前述したので、ここでは農業研修について書いてみます。

農業研修をする

▼実践的な経験を積む

まったく農業経験のない者が農家になりたいと思ったらどうするか？　真っ先に思いつくのは各都道府県にある新規就農支援センターに相談に行くことでしょうか。無償で農業技術を習えたり、就農支援金を受けやすくなったりとメリットもありますが、独立を目指すとなると農業法人、または目標とする農家のところで研修させて（働かせて）もらうのが実践的です。そのなかで支援センターの勉強会などにお世話になるというのが、いろいろと情報を入れる意味でもいいと思います。

▼研修期間は区切る

研修をさせていただくなかで気をつけたいのは、期間を区切ること（私の場合は一年）。そうすることで目標がハッキリしますし、受け入れ側も心づもりができて助かります。

▼作物を自分で育ててみる

当たり前のことですが、研修を受けたからといって自動的に農家になれるわけではありません。農業研修となると、ついついトラクタなどの農業機械に乗りたくなりますが、そういった技術は独立してからでも十分間に合います。農業技術を磨くには、自分で育ててみるのがいちばん。どれだけ厳しく教わっても最終責任が自分にないと、なかなか習得できません。研修中に自分でも畑を借りて同じ作物を育て、わからないことがあれば聞く、というのが技術習得の近道です。

▼ネットワークを広げる

いちばん大切なのはネットワークを広げること。研修期間中だからこそ農業青年グループや勉強会などに積極的に顔を出す。農はつながりがあってこそやっていける世界だからです。

なりたい農家像を突き詰める

そしてどんな農家になりたいのか、掘って掘って掘り下げる。農家になるためには農業技術を身に付ければいいと思いがちですが、とんでもありません。農家として独立していくには経営や販売、経理能力も必要になってきます。全体的に見る目を持つことが何より大切です。将来的なビジネスモデルを具体的に考えてみる。どのように作物を育てるのかはもちろん、できたものをいくらでいくつ、どこでどう売るか、収入はいくらあればいいか、何年でその目標を達成するのか、そして自分はなぜ農家になりたいのか、具体的に考えることによってやることが見えてきます。

最大限収量で売上げを計算してみる

農業は自然相手です。もちろんその大変さはわかっている人も多いのですが、裏を返すと自然のせいにもできてしまいます。「農家になりたてだから収量が少ない」「もっと技術が上がれば、収量さえ上がれば食べていける」と考えがちですが、肝心なのはそれらの収穫物が最大限にとれたら本当に食べていけるのか？　ということです。その作物の平均収量は調べればすぐにわかります。もし最大限に収穫できて販売したと計算しても思った以上の売上げ、収入がなければ別のやり方を考えなければなりません。このあたりはキチンと向き合う必要があります。

専業にこだわらなくていい

最初から専業にこだわらないというのも必要です。やるからには一本に絞りたいという気持ちもわかります。でも焦りは禁物。何せ就農者の平均年齢が六五歳の世界、急がなくても大丈夫。生活の糧を持ちながら目標に向かっていく。そうしながら将来の売り先など見つけていくことも大切です。例えば新聞配達で一緒に自分の野菜のビラを配るなど、将来の顧客づくりにつなげることができます。

今は各地に直売所もあり、農産物を販売するのに随分敷居が低くなりました。それでも小さい農業では、まさに直接つながる直売がとても大切になってきます。自身の販売チャンネルを持つことはいろいろな可能性につながります。

2 ミニマム主義とは

農地の制限が始まり

ここで小さい農業の考え方となっているミニマム主義とは何か、あらためて考えてみたいと思います。

ミニマムを直訳すると「最小の」「最小限の」となります。風来は父の畑三〇aを借り受け、この面積を最大限に活かして農家として独立できないかと考えてスタートしました。

じつは、風来の畑のあるところは海の近くで湿田地帯。借りたところは高いところにあったのですが、畑を広げるためには田んぼに客土しなければとうてい無理ということもあり、広げるに広げられない事情がありました。それなら小さい農地でやれる方法がないかと模索して「ミニマム主義」にたどりつきました。もし農地が簡単に広げられていたら今の風来はなかったと思います。〇〇養成ギブスではありませんが、制限があったおかげでいろいろなアイデアが出てきました。

個人を出せる時代だからできる

実践してきて思っているのは、ミニマム主義は農業、そして時代の変化に合っているということです（図6―2）。

何か自営をしようと思うと商品を揃えたり、また二次産業の場合は加工するための機材が必要となったりします。農の場合は、極端にいえば、家庭菜園でできたものを直売所で販売することができ、まさに鍬一本で売り物を作ることができます。

そして近年の劇的な時代の変化。パソコンやプリンターは以前では考えられないくらい高性能なものが安価に手に入るようになりました。誰でもパンフレットやラベルなどが印刷可能になりました。そしてインターネット環境の劇的な変化。ネットで家にいながらにして全国、全世界に販売、また情報発信が個人でできるようになりました。これほど個人を外に出せる時代はあったでしょうか？　まさにチャンス到来です。

ただどんなにすばらしいタネでもタネ袋に入れたままだと、いつまでたってもそのまま。タネを袋から出し、土に播いて太陽と水という条件があって初めて芽が出てきます。実際に行動しないと始まりません。

先述したとおり道は開けています。確かにゼロから踏み出すのはエネルギーがかかります。そんな時にもミニマム主義。最初から大きくやろうとするとプレッシャーもかかりますが、小さく始めれば踏み出しやすくなります。なに

これのおかげで
小さくてもやれる。
幸せになれる
ネットの時代
直売
つながり
農地
農地

図6－2　ミニマム主義とは

せミニマム主義のモットーは「リスクは最小限に、幸せは最大限に」にですから。

直売とつながりが核になる

そんなことから小さいことに活路を見い出した風来。確かに風来は加工があるので極端に小さい三〇aでもやっていけるかもしれません。以前調べてみると、日本の農業には、収支バランス的にみて適正な大きさがあることがわかってきました。

稲作農家であれば一〇ha、露地野菜農家であれば二～三ha。それ以上となると収入は伸びない状況が続きます。それこそ一気に稲作なら三〇ha、野菜の場合は一〇haぐらいにならないと、表面上の売上げは伸びても機械代や人件費などの経費がかかり、収入自体は減るということがあります。

前章までに書いてきた、直売や、つながりを持つミニマム主義でいけば、畑作の場合一haあれば加工がなくても十分やっていけると思います。ただリスクの分散という意味からも、加工を最初から取り入れることをおすすめします。

独立しているから幸せになれる

今、一口に農業といってもさまざまな就農スタイルがあります。以前は親から引き継ぐという形が圧倒的に多かったのが、今は農業法人の社員になるという選択肢も出てきました。それでも農のよさを享受するには独立してこそだと思います。もちろん責任はすべて自分にかかってきますし、決してラクではありませんが、その分達成感もあります。何より農は一つの仕事としてとらえるより、生き方と一致させることで幸せにいちばん近い産業となりえます。

そして家族経営で従業員ゼロであっても、独立していると世界が広がります。風来はまさに小さく小さくやっていますが、それでもいろいろな人が訪ねてきます。

通常、先進国では不況になるとベンチャーや自営業を目指す人が多くなるらしいのですが、日本だけはサラリーマン比率が高まったそうです。安定性を求めてだからこそだと思うのですが、そうなると需要と供給の関係で従属性がより高まってしまいます。何かあった時に独立できる、そう思えるだけでも心強いし、農はその手段として最適です。何せ直接食べるものを育てるのですから。

3 スモールメリット

日本の農業にスケールメリットはあるか

ミニマム主義を具体的にいうと、スモールメリットを最大限に享受することです。「スケールメリットなら聞いたことがあるけど、スモールメリットなんて聞いたことがない」なんて思われるかもしれませんが、それもそのはず、私の造語だからです。

スモールメリットを説明する前に、スケールメリットについて考えてみましょう。スケールメリットをひと言でいえば「大量に物を仕入れることにより原価を抑え、また販売もまとめてすることにより経済的にメリットがある」ということでしょうか。しかしこれは、いつでもどのような状況でも同じものができることが前提となっています。

今の日本の農政も規模拡大路線。ある意味そこにスケールメリットがあるかのようですが、もしスケールメリットがあるとするならば、規模が大きくなればなるほど値段を安くできなければおかしいはずです。例えば一〇〇ha規模の稲作農家が一〇ha規模の稲作農家の米販売価格を半分にしてもペイできるでしょうか。なぜ規模を拡大してもスケールメリットがそんなに得られないのか。それは日本ならではの農業の特性があるからかもしれません。

傾斜が多くて機械が高価

そもそも日本は大陸と比べると急坂といっていいくらい傾斜があります。そこを平らにするには大変な労力が必要になります。特に水田となるとまさに水平にしなければなりません。つまり、一つの圃場を大きくするのは限界がありますし、コストもかかります。そしてどんなに大きくしても人手がかかるのが農業です。

また農業機械も大変高価なものです。他産業では機械を大型化する時には生産性が上がり、より製品が多くできるのが当たり前ですが、農業の場合はどんなに高速化しても収量自体が増えるわけではありません。田植機やコンバインに至っては、高速化すればするほど倉庫に眠っている時間が長くなります。費用対効果が出にくいのです。さらに規模拡大をして人を雇うと、日本の場合は人件費が大きくかかります。

とまあ、わざと大変なところをあげてみたのですが、逆転の発想でみると、そこに大きなチャンス（スモールメリット）が生まれてきます。

会社は三〇年、家族経営は数百年

よく会社の寿命は三〇年といわれます。今、農家も規模拡大しながらの法人化、株式会社化が進んでいますが、農家だけが同じ道を歩まないといえるでしょうか。もちろん大規模農家を否定しているわけではありません。ただ、元来農家は、家族単位で何世代にもわたり数百年続いてきたのが当たり前の世界。小さいからこそ、歴史の表舞台がどんなに荒波の時でも水面下でしたたかに生き抜いてきたのではないかと思います。

そしてこれからも激動の時代。こんな時こそ小回りのきく農業経営が生き残れる手段の一つかもしれないと思っています。私はこのような家族経営的農家がもっともっと見直されてもいいと思います。家族経営の農業を、自信を持っておすすめします。

町のパン屋さんに学ぶ

一口に農家といっても規模はさまざま。規模が十倍も百倍も違うのに同列に扱うのは少し乱暴かと思います。

例えば、パン屋さん。販売しているのは同じパンでも、町の小さなパン屋さんと大手メーカーではやり方も目指すところも全然違います。町のパン屋さんは大手メーカーを羨ましいと思ったり、同一線上にあるとは思ったりしていないと思います。ですから「遠くの大きな農家に学ぶより、近くで繁盛している町のパン屋さんに学ぶ」。これが、家族経営農家の目指すべきところではないかと思います。

特色があれば価格勝負しなくていい

町のパン屋さんが大手メーカーの真似をして原材料費を抑えるなど価格や効率で勝負しても絶対にかないません。そして特色のないパン屋さんも今の時代は厳しいと思います。しかし、パンはパンでも大手メーカーのものとはまったく別物と考えれば、価格などで勝負する必要はなくなります。繁盛している町のパン屋さんの多くの共通点といえば、天然酵母を使用したり、地域の米粉や特産品を使ったりと、ものは違えど原材料にこだわりがある、というところではないでしょうか。

大規模なところでは大量仕入れで原材料費を抑える「スケールメリット」があります。この場合、大量かつ品質が均一なものを求めるとなると最大公約数、その原材料の品質のなかでいちばんボリュームのある中程度のものか、それより下の品質のものにならざるを得ません。しかし、小さければ原材料にこだわることができる。そして農業の場合はそこに多くの「スモールメリット」があります。

この時代、どこにこだわるか

時代は欲望が作ります。どんなに技術が発達しても空を飛びたいと思わなければ飛行機はできませんでした。食に求められているものも時代とともに変化しています。戦後の食糧難時代に農に求められていたのは「量」、そしてその「量」が満たされたあとは「味」、それもある程度のレベルに達すると、今度は「価値」。もちろん価値観は時代の流れとともに変化していくでしょう。今は高齢化社会となり、空前の健康ブームです。多くの人が長生きしたい、健康でいたいと願う。そんな「命」の価値観が大きくクローズアップされています。

こんな時代のなか、仕事でやっていく以上はもちろん「量」も「味」も「価格」も大切でバランスが必要ですが、どこに提案するかで農業のやり方は定まってきます。私の場合は、安心して農のよさを共感してもらえる人に暮らしの産物を提供することにこだわっています。小さいからこそこだわりを持つことが必要ですし、小さいからこそできるこだわりがあると考えています。

4 お金との向き合い方について

お金を手元に引き寄せる

独立するためにはもう一つ、とても大事なことがあります。お金との向き合い方についてです。

風来にはこれまで多くの新規就農希望者が相談に来ました。相談に来た人のやりたい農業スタイルはさまざまですが、おおむね女性のほうがシッカリしているなと思いました。具体的なプランがあり、地に足をつけている人が多い。男性だけの場合は、どちらかというと、やりたいからやるんだと理想を求めている人が多いように思います。

女性がシッカリしているのは現実的だからでしょうか。現実とはつまり、経済的にやっていけるかということ。理想を胸に農家になったはいいけれど、結果的にお金に振り回されて挫折したという人を多く見てきました。

農業はお金の価値では計れない素晴らしさや力がありま す。私が幸せにいちばん近い産業と感じているのも、そういった面が多いからにほかなりません。しかし現実社会はお金が動かしていることを直視する。幸せな農家であるためにはお金と向き合い、それでいてお金に使われないという姿勢が大切ではないかと思います。そのためにはお金を自分の手元に引き寄せることが必要となってきます。

無駄遣いがなくなる「個人通貨」

風来を始める時、できるだけ倹約しようと思いつつも、漬物に必要なウォークイン冷蔵庫や調理機械、畑の管理機などウン十万単位の買い物をしていると、一万円も二万円も変わらなく思えてきました。これではイカン、もっとリアルにお金を感じる方法はないかと考えたのが「個人通貨」です。

自分にとっていちばん身近なものをお金に置き換えてみる。風来のスタートはキムチ販売から。そこで通貨単位を「キムチ」としました。レートはその当時の卸価格が一袋二〇〇円だったので、一キムチ＝二〇〇円としました。不思議なもので具体的な基準があると無駄遣いしなくなります。これを買うのにキムチを一〇個売らなきゃいけないのか、それなら作ってしまおうかな。三〇〇キムチもするのなら今はいいかな……などなど。倹約が目的で始めた個人通貨ですが、海外に行った時の買い物のようにその物の価値をあらためて捉えるのにも使えますし、いろいろな工夫にもつながりました。

買わないで自分で作る

例えば漬物を袋に詰める時、そういった器具は板金屋さんに頼んだりするのが普通です。しかし特注となるとどうしても高くつく。そこで何かないかとホームセンターをブラブラしていた時に見つけたのが雨どいのつなぎ。これがまさにピッタリの形。一つ一九八円だったのですが、十年たった今でも現役で使っています。これは小さな例ですが、こういった思考をくり返すことで、欲しいものがあったらまず「買う」ではなく、何か方法はないかと考えることができるようになりました。

もちろん個人通貨の単位・レートは自由です。友人とは「俺の個人通貨単位はトマトかな」なんて話になって盛り上がります。

欲を出さず、足るを知る

お金と向き合う。そんなミニマム主義の肝ともいえる考え方が「売上基準金額」です（図6―3）。普通一般的に使われているのは「売上目標金額」。それが月単位にしても年単位にしても、前年対比何％アップなどと文字どおり目標にする売上金額のことで、それ以上の売上げがあればよいというラインです。

それに対して「売上基準金額」は、その基準とする目標金額のプラス・マイナス五％以内に売上げをもっていこうとする考え方です。基準とする金額の九五％以下の売上げであったなら、「売上目標金額」と同じ、どこが悪かったのかと省みます。売り方や天候などいろいろと原因はあるでしょう。違うところは基準金額に対して一〇五％以上の売上げがあった時。「イカン、働きすぎた。どおりで今年は昼寝の時間が短かった……」と、こちらも反省します。これ、冗談のように感じるかもしれませんが、実践してみると想像以上にいろいろな効果がありました。

基準金額は毎年家族で決める

　基準となる売上金額の設定は、幸せに暮らすにはいくら収入があればいいかを考えて、そこから売上げを逆算していきます。風来の場合は家族五人で今は六〇〇万円あれば豊かな暮らしができるという想いから、売上基準金額は一二〇〇万円となっています。

　そして毎年「売上基準金額」を決める時には家族で話し合います。幸せに家族は欠かせません。そうやってスタートすると、家族で同じ目標に向かっていけるようになります。

　毎年金額が変わるのであれば「売上目標金額」と同じではないかと思われるかもしれませんが、基準を設けることでやるべきことがハッキリ見えてきます。あわよくばという考えがなくなりますので、過大な投資をしなくてすみます。また個人通貨の考え方も取り入れ、生活と仕事のバランスを考える機会にもなります。

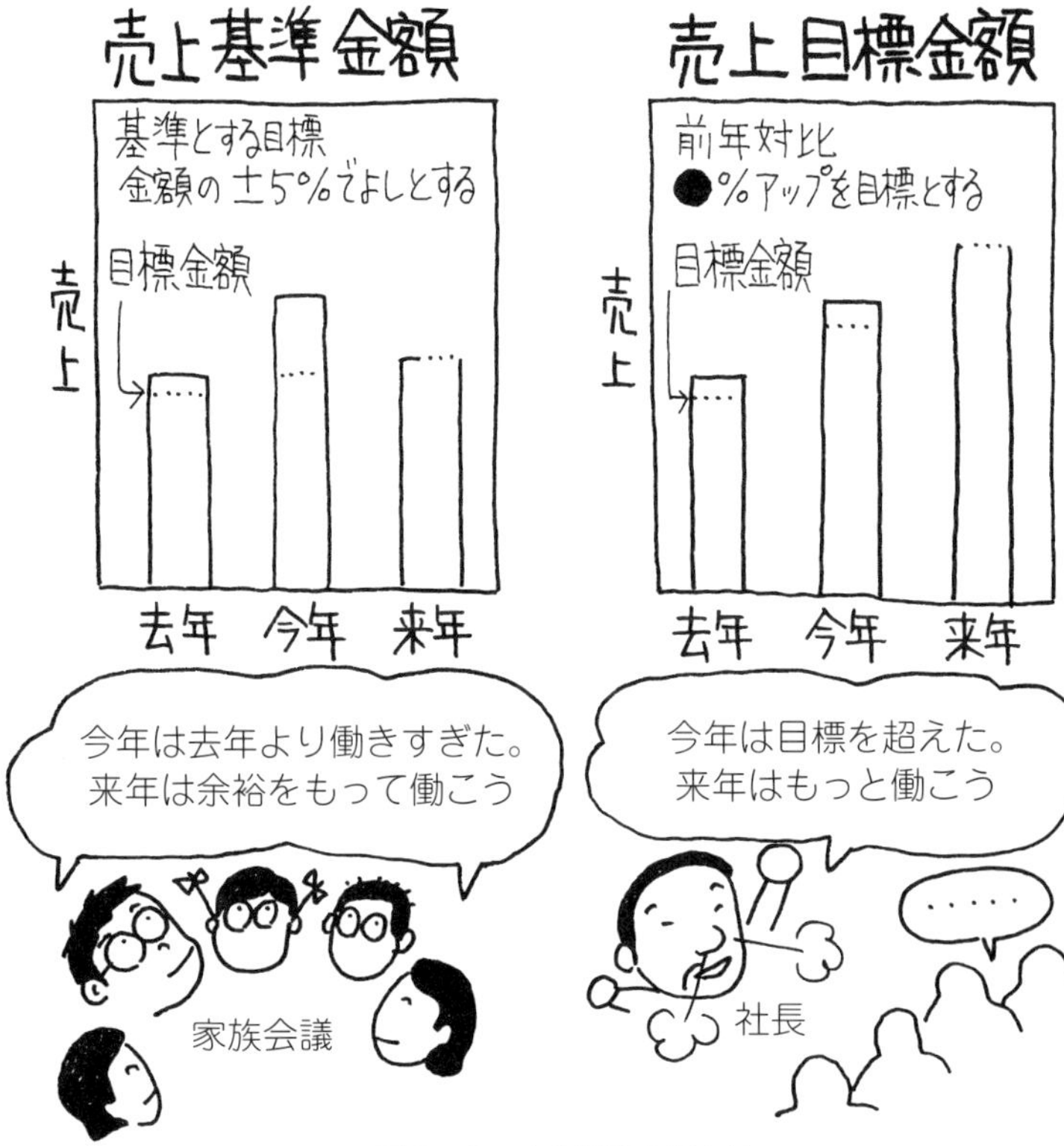

図6－3　売上基準金額とは

売上げのストレスがなくなる

自営業者が経営していくうえでいちばんのストレスは、いかに売上げを上げるかということ。もちろん売上基準金額を導入したとて実際は売っていかねばなりません。が、闇雲に売上げを上げなければならないという気持ちが軽減するだけでずいぶん悩みが減りました。

客層が個人のお客さん中心に

そして売り先への見方が一八〇度変わりました。とにかく売らねば、としていた時はたくさん売ってくれるところ、また名前が売れることがいちばんありがたいと考えていました。小規模な直売所よりスーパー、それよりデパート、レストランであれば一つ星より三つ星などグレードの高いところに扱ってもらえれば自分も箔がつく、と勘違いしていました。知らず知らずのうちに卸し先にランクをつけ、なるべく上のランクの売り先に合わせるようになったのです。

しかし販売する量が決まっているとなると、相手に合わせる必要がありません。限りあるものであれば、個人のお客さんに直接販売するほうが手数料も取られずにすみます。そう思うようになってから、個人のお客さんが何ともありがたく感じてきました。風来では今、個人のお客さんに売る直売比率が八割以上となっています。また、どんなところから引き合いがきても、個人のお客さんへの直売にかなうものはありませんので「売るものがありません」とキッパリ断れます。

そしてお客さんと直接つながることでいろいろなヒントもいただけます。またその声をすぐに活かせるのが小回りのきくミニマム主義の強みです。今は主力になっている野菜セットもお客さんの声から始まりました。また目先の忙しさにとらわれなくなることで新商品の開発や新たな取り組みなども積極的に行なえます。

収入を自分で決める。それが売上基準金額（もちろん順調にいくまでは簡単とはいいませんが……）資本主義は稼ぐ自由もありますが、稼がない自由というのもあります。この稼がない自由は、心の自由にもつながっていきます。さまざまな価値がある農家。だからこそ、お金に向き合いながらお金に使われないようにすることが幸せの近道ではないかと思います。

5 命の価値観

農業は究極のサービス業

私はバーテンダー、ホテルマンを経て農家に転身しました。サービス業は天職だと思っていました。バーテンダー時代に師匠から「サービス業の使命は人を幸せにすること」と教わったのを今でも覚えています。

そんな私が農家になったのは、サービス業の視点で農業を見ると、そこには大きなビジネスチャンスがあると感じたからです。そしてサービス業時代に培った「川下からの発想」で、「お客さんにいかに喜んでもらえるか」というところから考えて、自家製キムチの販売をメインに小さい農業を展開してきました。

そのこと自体、間違いはなかったと感じていますが、今考えると、当初農業にビジネスチャンスがあると考えていたことは、とてもおこがましかったと感じています。そう思うきっかけとなったのは、あるお客さんの声でした。その人は、化学物質過敏症だったのですが、風来の野菜が食べられたということで、涙ながらに感謝してくれました。その時、命の元である食を育てている農業は、「(人を幸せにできる)究極のサービス業ではないか」と思わされました。

そう心にストンと落ちてから、やっていた内容はそれほど変わっていないにもかかわらず、不思議なもので常連のお客さんが増え、風来は軌道にのることができました。

命の価値観で物事を見る

私は、これからは命の時代がくるのではないかと思っています。高齢化社会がすすむにつれ、いつまでも元気でいたい、長生きしたいと思う人が多くなってきた。だから不況下であっても健康食品の売上げは右肩上がり。このように命を大事にするということを基準に考えると、いろいろなものが変わってきます（図6―4）。

例えば、高層マンションは階が高ければ高いほど家賃が高くなる。つまり、今は高い階のほうが価値は高い（ホテルなども同じ）。しかし、いざ地震か何かでエレベーターが止まったり、水道が使えなくなったりしたらどうなるか。もし三〇階に住んでいたとすると、人が一日に必要な水（六ℓ）を運ぶだけでも、それは大変な重労働になります。そんな状況になると、価値が低いとされてきた低い階の人のほうが安心して暮らせる。いざという時は逃げ出しやすかったりもします。

都会と田舎、命の価値観が高いのは？

そんな命の価値観でみた時、都会と田舎ではどちらの価値が高いのでしょうか。また、ＩＴ産業と農業の価値はどちらのほうが高いのでしょうか。一目瞭然ですよね。

本マグロの大トロ、キャビア、フォアグラなどは高価で価値があるとされていますが、それだけを毎日食べ続けていたら、生活習慣病になります。命の価値観でみると、価格は安いけれど粗食のほうが、グッと価値が上がります。

スーパーの駐車場などで障害者用の駐車スペースに車を停めて少しでもラクをしようとしている人を見かけますが、命の価値観で見ると、遠くに停めて歩いたほうが健康や、体にもよく、得になります。価値観という定規が変わると、同じ事柄でもまるっきり違って見えてきます。

それ、命的にどうよ？

今、私が流行らせたいのは「それ、命的にどうよ？」という言葉です。安いからと二九八円の弁当を買おうと思った時、これは命的にはどうかと考える。その時はサイフにやさしくても、将来的には、命的にも、経済的にも損をするのではないかと思えるのではないでしょうか。食に限らず住宅や化粧品なども安い高いというのとは別に、「命的にどうよ？」という視点をもってみると、買い方が変わってくると思います。

貿易自由化がさらに進み、遺伝子組み換え食品などがドカッと入ってくるようなグローバル化の流れのなかで、私たち日本の農家が目指すべき方向は、安さで訴えることでよりも、命の観点から訴えることではないでしょうか。

東日本大震災から日本の問題点があきらかになってきました。原発はその顕著な例ですが、なかなか議論が深まりません。それもそのはず、片方では「金」といっているのに、片方では「命」といっている。向いているゴールが違う者同士が話し合ってもまとまるはずがありません。でも本来の政治は国民の命を守ることが最大の役割であり、特に農政はそうあるべきだと思います。

農は価値観を変える扉

私がこんなふうに思えるようになったのは農家になったからです。自然にはかなわないという自然に対する感謝の想いや畏怖を実感し、価値観が大きく変わりました。そういった意味で、農は「価値観を変える扉」ではないかと思っています。農業というものを、農産物の販売という行為のみならず、価値観ごと変える手段としてとらえたなら、無限の可能性が広がります。環境の時代とは、つまり命の時代なのですから。

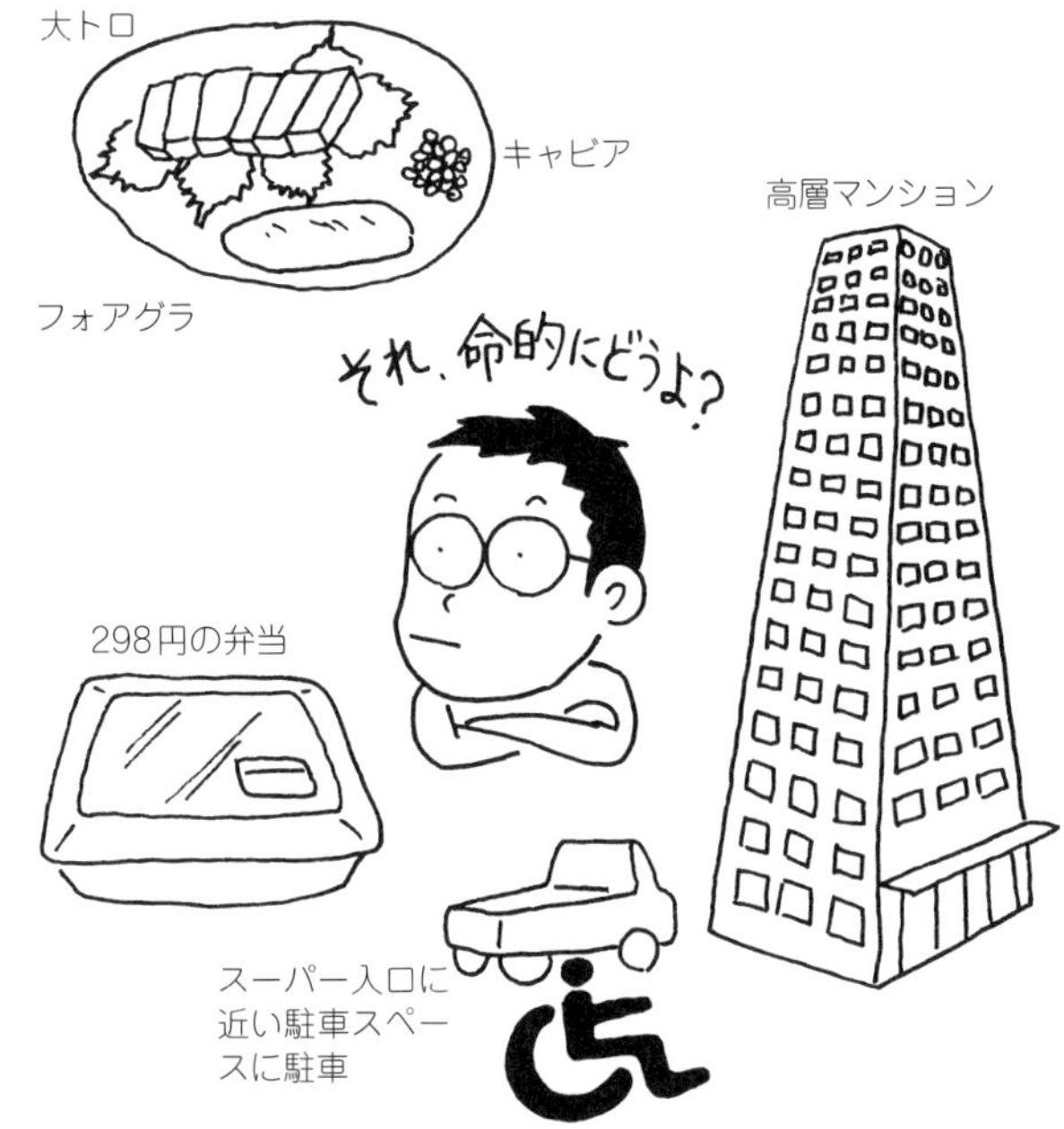

図6－4　命の価値感でみる

　これからの農産物の価値は、有機・無農薬・自然栽培・無肥料栽培などのカテゴリー分けではなく、命の価値観に対して高いか低いかで考えていくべきではないかと思っています。

　私の好きな言葉に「振り返ればトップランナー」があります（私が作った言葉ですが……）。経済の価値観でみると最後尾かもしれない農業が、命の価値観で振り返った時は最先端を走っている、という意味です。以前、ある人から「何か有事の際は知識よりも知恵が必要になる。農家はそんな知恵を指し示せる存在でいてほしい」といわれたことで、農業に心から誇りを持つことができました。

　そんな知恵や命の価値観を共有できる農家の輪が広がればと願っています。

月	旬	タネ播き	定植	収穫	季節商品	イベント
1	上			ハクサイ／キャベツ／ブロッコリー／ダイコン／カブ／ニンジン／セロリ／ステックセニョール／芽キャベツ／シュンギク（ハウス栽培）／ミズナ（ハウス栽培）／小松菜（ハウス栽培）／長ネギ	かきもち仕込み こうじ仕込み	
	中				こうじ仕込み	味噌教室
	下	スナップエンドウ キヌサヤエンドウ			こうじ仕込み	
2	上				こうじ仕込み ガトーショコラ販売 米粉・もち粉作り（よもぎ団子用）	
	中	ナス類 トマト類 ハーブ類 ミニハクサイ グリーンボール ミズナ 長ネギ			こうじ仕込み	味噌教室
	下	ナス類 トマト類 ハーブ類 レタス				
3	上	ハーブ類 ホウレンソウ ミニハクサイ グリーンボール	スナップエンドウ キヌサヤエンドウ			
	中	ナス類 トマト類 ハーブ類 ハツカダイコン（畑・ハウス） インゲン ブロッコリー	ミニハクサイ（ハウス） グリーンボール（ハウス）	ブロッコリー／芽キャベツ／フダンソウ／キャベツ茎　ハクサイ（ハクサイの菜の花）／ネギ／		ぬか床教室

※タネ播き欄の（畑）はハウスでなく畑に直接播く

	4			5		
下	上	中	下	上	中	下
ナス類 トマト類ハーブ類 レタス 春ダイコン（畑） カブ（畑） ニンジン（畑）	インゲン クウシンサイ セロリ	エダマメ カボチャ ズッキーニ オクラ ツルムラサキ トウモロコシ	エダマメ オクラ	エダマメ	エダマメ	
ジャガイモ	ホウレンソウ ジャガイモ	ハクサイ キャベツ レタス ブロッコリー インゲン	トマト ナス ピーマン類 カボチャ ズッキーニ	ナス類 カボチャ キュウリ サトイモ エンサイ オクラ ズッキーニ トウモロコシ エダマメ	サツマイモ	
ダイコン／イタリアンカブ／タアサイ／タカナ／ビーツ／キャベツのわき芽		ミニハクサイ（ハウス栽培）／キャベツ（ハウス栽培）／リーフレタス（ハウス栽培）／芽キャベツ／茎ハクサイ（ハクサイの菜の花）／アスパラ		ミニハクサイ／春キャベツ／葉付きダイコン／葉タマネギ／キュウリ／アスパラガス／ソラマメ／ニンニクの芽／リーフレタス（ハウス栽培）ミズナ（ハウス栽培）／スナップエンドウ／絹サヤ		
	ハーブ苗販売開始	野菜苗販売開始				ハーブ苗販売終了 野菜苗販売終了
		畑教室 ハーブティー茶会			ヨモギ団子教室	

月	旬	タネ播き	定植	収穫	季節商品	イベント
6	上		セロリ パセリ			
	下	秋キュウリ	長ネギ	トマト／ミニトマト／キュウリ／ナス／白ナス／ズッキーニ／カボチャ／エダマメ／インゲン／モロヘイヤ／クウシンサイ／オクラ	鯖のぬか漬け	農コン
7	上		キュウリ(ハウス) トマト(ハウス)			
	中					オリーブオイル料理教室
	下	ミニハクサイ グリーンボール ブロッコリー レタス ミズナ リーフレタス ニンジン(畑)			ウリの粕漬け仕込み	畑バーベキュー
8	上	ミニハクサイ グリーンボール ブロッコリー ニンジン(畑) サラダゴボウ(畑)			ウリの粕漬け仕込み	
	中	ニンジン(畑) ダイコン(畑) インゲン			ウリの粕漬け仕込み	
	下	ダイコン(畑) カブ(畑) タアサイ シュンギク ビーツ	ミニハクサイ グリーンボール ブロッコリー レタス インゲン 芽キャベツ	サツマイモ／ミニトマト（ハウス栽培）／キュウリ（ハウス栽培）／ナス	トマトジュース ミニトマトのジュレ	

9 上	9 中	9 下	10 上	10 中	10 下	11 上	11 中	11 下	12 上	12 中	12 下
ダイコン(畑) カブ(畑) 辛味ダイコン(畑)	タマネギ イタリアンカブ(畑)	カラシナ(畑)	ハツカダイコン(ハウス) カブ(ハウス) 辛味ダイコン(畑)	ソラマメ(畑)	ミズナ(ハウス) コマツナ(ハウス) ホウレンソウ(ハウス)	スナップエンドウ キヌサヤエンドウ グリーンピース					
ジャガイモ	アスパラ菜 ニンニク	タカナ シュンギク タアサイ ビーツ		春どりキャベツ		タマネギ					
／白ナス／ズッキーニ／エダマメ／インゲン／モロヘイヤ／クウシンサイ／オクラ				ハクサイ／キャベツ／レタス／ブロッコリー／芽キャベツ／ピーマン（ハウス栽培）／ナス（ハウス栽培）／ミニトマト(ハウス栽培）／ダイコン／カブ　ジャガイモ／ニンジン／ミズナ／チンゲン菜／コマツナ							
	サツマイモのパウンドケーキ ウリの粕漬け販売						ゆずポン醤油販売 こうじ仕込み	鯖のぬか漬け下漬け こうじ仕込み	カブの千枚漬け販売		かぶら寿し販売(年内限定) ダイコン寿し販売(年内限定) 松前漬け販売(年内限定) 鯖のぬか漬け本漬け
	サツマイモ・カボチャスイーツ お茶会			新米食べ比べ			ゆずポン醤油作り 鍋大会			かぶら寿し教室	

付録２　風来の歩み年表

年	風来にかかわる出来事	世の中の出来事
1992	大学卒業後、バーテンダーになる	
1993		
1994	オーストラリア遊学	
1995	ビジネスホテルの支配人になる	阪神大震災／地下鉄サリン事件
1996		
1997		
1998	地元石川で農業研修、軽トラの脱輪ワースト記録を作る	
1999	結婚	
	３月に独立するが、売るものがないので農家でアルバイトも継続。初年度の野菜の出来はボロボロ	
	わずかな野菜と漬物をスーパー、朝市、イベントに売り込む。時間があるときには近所に引き売りに行く	
2000	冬にやることがないのでホームページ作成	流行語大賞「IT革命」
	日記をほぼ毎日書いてホームページで公開し始める（ブログ）	
	長女出産を機に妻が看護師を辞める	
	金沢市内の生協、農家の直売所、自然食品店に配達	
2001	野菜がたくさんそろう夏場のみ、ネットのお客さん向けに野菜セットの販売開始	
2002		
2003		
2004		
2005		
2006	配達の割合が減り、ネット販売と風来の加工場併設の直売店での売上げを強化する（直売比率は６割）	大型直売所が次々開店
2007	自然食品や調味料などの仕入れ販売も始める	
2008	市民とダイズを育てて味噌を造るサークル「マメマメくらぶ」を地元農家仲間と始める	
2009		
2010		
2011	新聞社の文化センターで「菜園生活講座」の講師を２年間つとめる	東日本大震災
2012	炭素循環農法に切り替える	
2013	風来独自に体験教室「ベジベジくらぶ」を始める	
2014	地元農家仲間と市民が語り合う「農コン」を始める	
2015	野菜セットの注文が増える（直売比率は８割）	

著者略歴

西田　栄喜（にした えいき）

1969（昭和44）年　石川県生まれ。

大学卒業後バーテンダーへ。1994年オーストラリアへ1年間遊学、帰国後ビジネスホテルチェーンにて支配人を3年間勤めたあと、帰郷。1999年に菜園生活「風来」を起業。

年間50種以上の野菜を育て、野菜セット・漬物などホームページにて販売。http://www.fuurai.jp/

◎小さいからこそ幸せになれるミニマム主義を実践中

小さい農業で稼ぐコツ
加工・直売・幸せ家族農業で30a1200万円

2016年 2 月10日　第 1 刷発行
2025年 5 月 5 日　第22刷発行

著 者　西田　栄喜

発 行 所　一般社団法人　農山漁村文化協会
郵便番号　335-0022　埼玉県戸田市上戸田2-2-2
電話　048(233)9351(営業)　048(233)9355(編集)
FAX　048(299)2812　振替　00120-3-144478
URL　https://www.ruralnet.or.jp/

ISBN978-4-540-15136-1　DTP製作／㈱農文協プロダクション
〈検印廃止〉　印刷／㈱新協

製本／根本製本㈱
Printed in Japan　定価はカバーに表示
乱丁・落丁本はお取り替えいたします。

農文協の図書案内

図解　家庭菜園ビックリ教室
井原　豊 著
二〇〇〇円＋税
農家が教える野菜づくりのビックリ指南書。無農薬のための間作・混作技術、自然農薬、不耕起、肥料選びなど、常識破りのアイデアてんこ盛り。トマト、ナス、イチゴ、ハクサイ、ジャガイモなど必須野菜三〇品目を詳述

これならできる！　自然菜園
耕さず草を生やして共育ち
竹内孝功 著
一七〇〇円＋税
草を刈って草マルチ、野菜の根に根性をつける種まき・定植・水やり・施肥・整枝法、緑肥やコンパニオンプランツとの混植・輪作、生える草でわかる敵地適作など、野菜三七種の誰にでもできる自然共存型の自然栽培法

農家が教える　桐島畑の絶品野菜づくり 1
基本技術と果菜類・豆類の育て方
桐島正一 著
一二〇〇円＋税
著者は高知県の山間部で二五年余り野菜づくりをしてきた農家。大事にしているのが、追肥などのタイミングにつながる野菜の見方。野菜の色や大きさだけでなく、畑の条件、天気、野菜の個性などを把握してつかんだ見方が野菜ごとにわかる

農家が教える　桐島畑の絶品野菜づくり 2
葉茎菜類・根菜類の育て方
桐島正一 著
一五〇〇円＋税
自然に育った野菜はしっかりしたタネが採れ、病害虫に強く、栄養価も高く美味。「野菜に素直に寄り添い、自然が持っている力を引き出し、人間はほんの少し手助けしてやるだけ」の有機・無農薬の絶品野菜づくりを伝授

青木流　野菜のシンプル栽培
ムダを省いて手取りが増える
青木恒男 著
一五〇〇円＋税
元肥も耕耘も堆肥も農薬もハウスの暖房も出荷規格も不要。所得一〇倍のブロッコリー・カリフラワー、七倍のキャベツ・ハクサイ、二倍のスイートコーンなど、小さな経営で手取りを増やす着眼点、発想転換で稼ぐ野菜つくり

（価格は改定になることがあります）